职业教育·交通运输类专业教材

运筹学

（少学时）

主　编　汪成林
副主编　李　月　余　莉
主　审　夏　栋

人民交通出版社股份有限公司
北　京

内 容 简 介

本书为职业教育交通运输类专业教材。本书内容包含绪论、线性规划的图解法、线性规划在管理中的应用、单纯形法、运输问题、整数规划、动态规划、图与网络模型、排序与统筹方法、库存管理、决策分析。本书基本涵盖了常用的运筹学知识，内容编排由浅入深、循序渐进。同时，书中简化了公式、定理的证明与推导过程，以案例教学贯穿始终，着重培养学生应用运筹学分析和解决实际问题的能力。

本书可作为职业院校交通运输类专业的运筹学教材，也可供其他专业选用，或供相关行业人员参考。

图书在版编目(CIP)数据

运筹学：少学时 / 汪成林主编. — 北京：人民交通出版社股份有限公司，2022.8
ISBN 978-7-114-18051-4

Ⅰ.①运… Ⅱ.①汪… Ⅲ.①运筹学—职业教育—教材 Ⅳ.①O22

中国版本图书馆 CIP 数据核字(2022)第 105254 号

职业教育·交通运输类专业教材
Yunchou Xue(Shaoxueshi)

书　　名：	**运筹学**(少学时)
著 作 者：	汪成林
责任编辑：	钱　堃
责任校对：	赵媛媛
责任印制：	刘高彤
出版发行：	人民交通出版社股份有限公司
地　　址：	(100011)北京市朝阳区安定门外外馆斜街 3 号
网　　址：	http://www.ccpcl.com.cn
销售电话：	(010)59757973
总 经 销：	人民交通出版社股份有限公司发行部
经　　销：	各地新华书店
印　　刷：	北京虎彩文化传播有限公司
开　　本：	787×1092　1/16
印　　张：	11.25
字　　数：	278 千
版　　次：	2022 年 8 月　第 1 版
印　　次：	2024 年 6 月　第 3 次印刷
书　　号：	ISBN 978-7-114-18051-4
定　　价：	33.00 元

(有印刷、装订质量问题的图书，由本公司负责调换)

前 言

运筹学采用数学方法分析和解决各领域中的优化问题,求得合理利用各种资源的方案,为决策者提供科学决策依据。运筹学是交通运输类专业、管理类专业的基础课,目的在于培养学生利用运筹学的理论知识解决实际问题的能力,形成管理思维,成为具备科学管理能力的复合型人才。

本教材具有以下特色:

(1)遵循职业院校学生认知规律和学习特点,注重对学生知识应用能力的培养,简化理论推导,强调实践应用。

(2)基于案例教学法编写,内容涵盖运筹学的基本理论和方法,融入大量案例,以案例带动理论知识的学习,提高学习者学习兴趣。

(3)配套丰富助学助教资源,方便教与学。本教材配套课件、课后习题答案、录课视频等资源。任课教师可通过加入职教轨道教学研讨群(QQ号:129327355)、职教铁路教学研讨群(QQ号:211163250)或职教路桥教学研讨群(QQ号:561416324)获取资源。

本教材内容丰富,包含绪论、线性规划的图解法、线性规划在管理中的应用、单纯形法、运输问题、整数规划、动态规划、图与网络模型、排序与统筹方法、库存管理、决策分析。教师在使用本教材授课时,建议抓大放小,以案例讲解为主,简化算法推导;同时,根据学生专业特点,科学选择教学内容。

本教材由武汉铁路职业技术学院汪成林担任主编,由李月、余莉担任副主编,由夏栋担任主审。具体编写分工如下:第1章至第5章由汪成林编写,第6章至第8章由李月编写,第9章至第11章由余莉编写。全书由汪成林统稿。

本教材在编写过程中参考了大量的文献资料,在此谨向相关作者表示深深的感谢!

由于编者水平有限,书中难免有疏漏之处,敬请广大读者在学习和使用过程中批评指正。

编　者
2022 年 5 月

目 录

第1章 绪论 ·· 001
    1.1 运筹学的概念 ··· 001
    1.2 运筹学的分支 ··· 002
    1.3 运筹学的应用 ··· 002

第2章 线性规划的图解法 ·· 005
    2.1 问题的提出 ·· 006
    2.2 图解法 ·· 007
    2.3 图解法的灵敏度分析 ·· 012
    习题 ·· 016

第3章 线性规划在管理中的应用 ··· 020
    3.1 人力资源分配的问题 ·· 020
    3.2 生产计划的问题 ·· 022
    3.3 套裁下料问题 ··· 023
    3.4 配料问题 ··· 024
    3.5 投资问题 ··· 026

第4章 单纯形法 ·· 029
    4.1 单纯形法的基本思路和原理 ··· 029
    4.2 单纯形法的表格形式 ·· 038
    4.3 求目标函数值最小的线性规划问题的单纯形表解法 ················· 041
    4.4 几种特殊情况 ··· 043
    习题 ·· 050

第 5 章 运输问题 ········· 053
- 5.1 运输模型 ········· 053
- 5.2 运输问题的表上作业法 ········· 055
- 习题 ········· 065

第 6 章 整数规划 ········· 068
- 6.1 整数规划的图解法 ········· 068
- 6.2 整数规划的应用 ········· 070
- 6.3 整数规划的分枝定界法 ········· 077
- 6.4 0-1 规划的解法 ········· 082
- 习题 ········· 084

第 7 章 动态规划 ········· 088
- 7.1 多阶段决策过程最优化问题举例——最短路问题 ········· 088
- 7.2 基本概念、基本方程与最优化原理 ········· 091
- 7.3 动态规划应用 ········· 093
- 习题 ········· 102

第 8 章 图与网络模型 ········· 104
- 8.1 图与网络的基本概念 ········· 104
- 8.2 最短路问题 ········· 106
- 8.3 最小生成树问题 ········· 112
- 8.4 最大流问题 ········· 114
- 8.5 最小费用最大流问题 ········· 118
- 习题 ········· 123

第 9 章 排序与统筹方法 ········· 125
- 9.1 车间作业计划模型 ········· 125
- 9.2 统筹方法 ········· 130
- 习题 ········· 138

第 10 章 库存管理 ········· 141
- 10.1 概述 ········· 141
- 10.2 库存管理的存货台套法与 ABC 分析法 ········· 143

10.3 库存费用与平均库存 …………………………………………………… 144
10.4 经济订货量的计算公式及其典型应用 …………………………………… 147
10.5 正确估价供应商提供的数量折扣 ………………………………………… 153
习题 …………………………………………………………………………… 155

第 11 章 决策分析 ……………………………………………………………… 156
11.1 不确定情况下的决策 ……………………………………………………… 156
11.2 风险型情况下的决策 ……………………………………………………… 160
11.3 效用理论在决策中的应用 ………………………………………………… 163
习题 …………………………………………………………………………… 167

参考文献 ……………………………………………………………………… 169

第1章 绪论

1.1 运筹学的概念

运筹学是 20 世纪新兴的学科之一。20 世纪 50 年代,莫尔斯(Philip M. Morse)和金博尔(George E. Kimball)出版了《运筹学方法》。这本著作对运筹学的定义是"为决策机构在对其控制下业务活动进行决策时,提供以数量化理论为基础的科学方法"。

决策是人们在政治、经济和日常生活中普遍存在的一种选择方案的行为,是管理中经常发生的一种活动。决策活动在问题解决的过程中占据着极其重要的地位,这可以从问题解决的过程及决策活动的过程中看出。问题的解决过程包含以下七个步骤:①认清问题;②找出一些可供选择的方案;③确定目标或评估方案的标准;④评估各个方案;⑤选出一个最优的方案;⑥执行此方案;⑦进行后评估——问题是否得到圆满解决。

决策过程由问题解决过程的前五个步骤组成,决策的重要性也正如诺贝尔奖获得者西蒙(Herbert Alexander Simon)所说的"管理就是决策",也就是说,管理的核心是决策。

对于决策的五个步骤,我们可以把前三个步骤,即认清问题、找出一些可供选择的方案以及确定目标或评估方案的标准,归结为形成问题的阶段;把后两个步骤,即评估各个方案和选出一个最优的方案,归结为分析问题的阶段。在这个分析问题的阶段,我们可以进行定性与定量分析。若管理者对所决策的问题具有丰富的经验或者所决策的问题相对比较简单,问题的决策就倚重于定性分析;反之,若管理者缺乏这方面的经验或者所决策的问题相当复杂,那么定量分析在管理者的决策中将扮演非常重要的角色。

定性分析是基于管理者的判断和经验进行的分析。定量分析,是在充分持有能刻画问题本质的数据和数量关系的前提下,通过建立能描述问题的目标、约束及其关系的数学模型,运用一种或多种数量方法,从而得出最好的解决方案。

管理者为了提高决策能力,可以通过实践和经验的积累,不断提高定性分析的能力。而定量分析能力则需要通过学习运筹学的理论与方法来提高。管理者掌握运筹学理论知识,并了解运筹学在决策过程中的重要地位,对提高决策能力有极大的帮助。

运筹学从创建开始就表现出理论与实践结合的鲜明特点,在其发展过程中充分表现出了多学科的交叉结合。运筹学是一门应用科学,一般把问题看成一个系统,需要相关行业的专家从不同角度分析问题的各种主要因素和解决方法等,形成问题模型。解决问题的过程需要广泛应用现有科学技术知识和数学计算方法,该过程可以促使解决大型复杂现实问题的新途径、新方法、新理论更快地形成。

1.2 运筹学的分支

运筹学按要解决问题的差别,可归结为一些不同类型的数学问题及方法。这些数学问题及方法构成了运筹学的各个分支。本教材将涉及如下一些主要分支:

(1)线性规划。线性规划是研究线性目标函数在线性约束条件下优化问题的数学理论与方法。例如,当管理者在现有的条件下追求最大利润或在完成任务的前提下追求最小成本的时候,如果现有的条件(或完成任务的前提)的约束可以用数学上变量的线性等式或不等式来表示,那么这样的问题就可以用线性规划的方法来解决。

(2)整数线性规划。整数线性规划是一种特殊的线性规划问题,它要求某些决策变量的解为整数。

(3)动态规划。动态规划是一种解决多阶段决策过程最优化的方法,它把困难的多阶段决策问题分解成一系列相互联系的较容易解决的单阶段决策问题,通过解决这一系列单阶段决策问题来解决多阶段决策问题。

(4)图与网络模型。在这种模型中,研究对象用点表示,对象之间的关系用边(或弧)来表示,点边的集合构成了图。这种特殊的模型可以帮助我们解决很多诸如系统设计、项目进度安排管理等方面的问题。

(5)存储模型。存储模型研究在各种供应与需求的条件下,应当在什么时候,提出多大的订货量来补充存储,使得订购费、库存费以及缺货所带来的损失费用总和最小等问题。

(6)排序与统筹方法。该方法研究在含有某些先后顺序工序的工程中如何排序以及如何制订和控制工作计划和进度,使得完成全部工程所需的总时间最少或最经济等问题。

(7)决策分析。该方法是研究决策者在复杂而不确定环境下如何进行决策的方法。

1.3 运筹学的应用

运筹学在管理中的应用情况,可以从两方面来观察:一是运筹学在管理应用中所涉及的方面;二是企业实际使用运筹学的情况。首先,我们来看一看运筹学在管理应用中所涉及的方面。

(1)生产计划。使用运筹学方法从总体上确定适应需求的生产计划、储存计划、劳动力安排计划等,以谋求最大的利润或最小的成本,主要运用线性规划、整数线性规划以及模拟方法来解决此类问题。如国外某重型机械制造厂用线性规划安排生产计划,节省了10%的生产费用。此外运筹学还有在生产作业计划、日程表的编排、合理下料、配料问题、物料管理等方面的应用。

(2)库存管理。库存管理主要是指多种物资库存量的管理,可确定某些设备合理的能力或容量以及适当的库存方式和库存量。国外某机器制造公司应用库存管理之后节省了18%的费用。

(3)运输问题。将运筹学运用在运输问题中,可以确定最小成本的运输的线路、物资的调拨、运输工具的调度以及建厂地址的选择等。如国外某地运用运筹学对汽车行车路线和时刻表进行研究改进后使该地公共汽车载运系数提高了11%,使用车辆减少了10%,既节省了成本又改善了交通拥挤的状况。

(4)人事管理。可以用运筹学方法对人员的需求和获得情况进行预测,确定满足需要的人员编制;用指派问题对人员进行合理分配;用层次分析法等方法来确定一个人才评价体系等。

(5)市场营销。可把运筹学方法用于广告预算和媒介的选择、竞争性的定价、新产品的开发、销售计划的制订等方面。如国外某公司从20世纪50年代起就非常重视运筹学在市场营销上的应用。

(6)财务和会计。财务和会计方面涉及预测、贷款、成本分析、定价、证券管理、现金管理等,其使用较多的运筹学方法为统计分析、数学规划、决策分析等。

运筹学还成功地应用于设备维修、更新和可靠性分析,项目的选择与评价,工程优化设计,信息系统的设计与管理,以及各种城市紧急服务系统的设计与管理上。

我国把运筹学应用于交通运输业、工业、农业等,并取得了很好的成绩。例如为解决粮食的合理调运问题,粮食部门提出了"图上作业法";为解决邮递员合理投递问题,我国学者将该问题抽象为"中国邮路问题"并提出了解决方法;工业生产部门推广了合理下料、机床负荷分配等方法;纺织行业用排队论方法解决了细纱车间劳动组织以及最优折布长度等问题;农业部门也研究了作业布局、劳动力分配和打麦场设置等问题;钢铁行业应用了投入产出法;矿山生产、港口生产、电信系统设计、线路设计等工作应用了排队论、图论。综上,运筹学是一门非常实用的学科,它在经济建设和管理中的应用非常广泛。

企业实际使用运筹学方法的情况如何呢?

美国学者福吉尼(Forgionne)在20世纪80年代对美国企业关于运筹学方法的使用情况的调查结果如表1-1所示。

运筹学方法使用情况 表1-1

方法	从不使用(%)	有时使用(%)	经常使用(%)
统计	1.6	38.7	59.7
计算机模拟	12.9	53.2	33.9
网络计划	25.8	53.2	21.0
线性规划	25.8	59.7	14.5
排队论	40.3	50.0	9.7

续上表

方法	从不使用(%)	有时使用(%)	经常使用(%)
非线性规划	53.2	38.7	8.1
动态规划	61.3	33.9	4.8
对策论	69.4	27.4	3.2

从表1-1可以清楚看到,各个企业使用运筹学方法的情况是不平衡的。对于各种不同的运筹学方法,使用的程度也是大不相同的。从表1-1中可以看出统计、计算机模拟、网络计划、线性规划、排队论是企业最常用的方法。

我国企业使用运筹学方法的现状如何呢?通过随机调查105家企业,所得结果如表1-2所示。从总体上看,我国企业使用运筹学方法的比例比美国低,这说明在我国企业管理中推广应用运筹学的担子更重、任务更艰巨。

运筹学方法在我国企业使用情况　　　　表1-2

方法	从不使用(%)	有时使用(%)	经常使用(%)
统计	7.6	41.9	50.5
计算机模拟	57.1	24.8	18.1
网络计划	68.6	19.0	12.4
线性规划	52.4	38.1	9.5
排队论	66.7	23.8	9.5
非线性规划	67.6	24.8	7.6
动态规划	72.4	20	7.6
对策论	89.5	8.6	1.9

更多的研究表明,无论在国内或国外,运筹学在管理中的应用前景都是非常广阔的,企业对运筹学的需求是很大的,但同时,企业应用运筹学面临的问题也不少,需要做大量的工作。

第 2 章
线性规划的图解法

　　线性规划是运筹学的一个重要分支。它是现代科学管理的重要手段之一,是帮助管理者决策的一个有效方法。一些典型的线性规划在管理上的应用举例如下:

　　(1)合理利用线材问题。现有一批长度一定的钢管,由于生产的需要,要求截出不同规格的钢管若干。如何下料,既可以满足生产的需要,又使得使用的原料钢管的数量最少?

　　(2)配料问题。用若干种不同价格、不同成分含量的原料,按不同的比例混合调配出一些不同价格、不同规格的产品,在满足原料供应量的限制条件和保证产品成分含量的前提下,如何获取最大利润?

　　(3)投资问题。如何从不同的投资项目中选出一个投资方案,使得投资回报最大?

　　(4)产品生产计划。如何合理、充分地利用现有的人力、物力、财力作出最优的产品生产计划,使得工厂获利最大?

　　(5)劳动力安排。某单位由于工作需要,在不同时间段需要不同数量的劳动力,在每个劳动力工作日连续工作八小时的规则下,如何安排劳动力才能用最少的劳动力来满足工作的需要?

　　(6)运输问题。一个公司有若干个生产单位与销售单位,根据各生产单位的产量及销售单位的销量,如何制定调运方案,将产品运到各销售单位而总的运费最小?

　　以上这些问题,利用线性规划方法都能成功解决。当然线性规划在管理上的应用远不止这些,但通过这些例子我们可以看到线性规划问题的一些共同的特点。首先,上述每个例子中都有要求达到某些数量上的最大化或最小化的目标。例如,合理利用线材问题是要求使用的原料钢管数量最少,配料问题是要求获取最大利润,投资问题是要求投资回报最大,等等。在所有线性规划的问题中某些数量上的最大化或最小化就是线性规划问题的目标。其次,所有线性规划问题都是在一定的约束条件下来追求其目标的。例如,合理利用线材问题是在满足生产需要的一定数量不同规格的钢管的约束条件下来追求原料钢管的最小使用量;配料问题是在限制原料供应量和保证产品成分含量的约束条件下来追求最大利润。

2.1 问题的提出

例 2-1 某工厂在计划期内要安排Ⅰ和Ⅱ两种产品的生产,已知生产单位产品所需的设备台时,A 和 B 两种原料的消耗量以及资源的限制如表 2-1 所示。该工厂每生产 1 单位产品Ⅰ可获利 50 元,每生产 1 单位产品Ⅱ可获利 100 元,工厂应分别生产多少单位产品Ⅰ和产品Ⅱ才能使其获利最多?

表 2-1 例 2-1 数据

消耗量	产品Ⅰ	产品Ⅱ	资源限制
设备(台时)	1	1	300
原料 A(kg)	2	1	400
原料 B(kg)	0	1	250

解 这个问题可以用下面的数学模型来描述。工厂目前要决策的问题是分别生产多少单位产品Ⅰ和产品Ⅱ,把这个要决策的问题用变量 x_1 和 x_2 来表示,则称 x_1 和 x_2 为决策变量,即决策变量 x_1 = 生产产品Ⅰ的数量,决策变量 x_2 = 生产产品Ⅱ的数量。

可以用 x_1 和 x_2 的线性函数来表示工厂所要求的最大利润的目标:

$$\max z = 50x_1 + 100x_2$$

其中,max 为最大值符号(最小值符号为 min);50 和 100 分别为生产 1 单位产品Ⅰ和生产 1 单位产品Ⅱ的利润;z 称为目标函数。同样也可以用 x_1 和 x_2 的线性不等式来表示问题的一些约束条件。台时数方面的限制可以表示为:

$$x_1 + x_2 \leqslant 300$$

同样,原料的限量可以表示为:

$$2x_1 + x_2 \leqslant 400$$
$$x_2 \leqslant 250$$

除了上述约束外,显然还应该有 $x_1 \geqslant 0, x_2 \geqslant 0$,因为产品Ⅰ、产品Ⅱ的产量是不能取负值的。综上所述,就得到了例 2-1 的数学模型:

$$\max z = 50x_1 + 100x_2$$
$$\text{s.t.} \begin{cases} x_1 + x_2 \leqslant 300 \\ 2x_1 + x_2 \leqslant 400 \\ x_2 \leqslant 250 \\ x_1, x_2 \geqslant 0 \end{cases}$$

由于上述数学模型的目标函数为变量的线性函数,约束条件也为变量的线性等式或线性不等式,故此模型称为线性规划。如果目标函数是变量的非线性函数,或约束条件中含有变量的非线性等式或不等式,这样的数学模型就称为非线性规划。

把满足所有约束条件的解称为该线性规划的可行解。把使得目标函数值最大(即利润最大)的可行解称为该线性规划的最优解,最优解的目标函数值称为最优目标函数值,简称最优值。

从以上的例子中可以看出一般线性规划问题的建模过程：

（1）融会贯通地理解要解决的问题。明确在什么条件下，要追求什么目标。

（2）定义决策变量。每一个问题都用一组决策变量$(x_1, x_2, \cdots, x_n)$表示某一方案；这组决策变量的值就代表一个具体方案，一般这些变量取值是非负的。

（3）用决策变量的线性函数写出所要追求的目标，即目标函数。按问题的不同，要求目标函数实现最大化或最小化。

（4）用一组决策变量的等式或不等式来表示在解决问题过程中所必须遵循的约束条件。

满足以上（2）、（3）、（4）三个条件的数学模型称为线性规划的数学模型，其一般形式为：

$$\max(\min) \quad z = c_1 x_1 + c_2 x_2 + \cdots + c_n x_n$$

$$\text{s.t.} \begin{cases} a_{11} x_1 + a_{12} x_2 + \cdots + a_{1n} x_n \leqslant (=, \geqslant) b_1 \\ a_{21} x_1 + a_{22} x_2 + \cdots + a_{2n} x_n \leqslant (=, \geqslant) b_2 \\ \quad \cdots \\ a_{m1} x_1 + a_{m2} x_2 + \cdots + a_{mn} x_n \leqslant (=, \geqslant) b_m \\ x_1, x_2, \cdots, x_n \geqslant 0 \end{cases}$$

2.2 图解法

对于只包含两个决策变量的线性规划问题，可以用图解法来求解。图解法简单直观，有助于了解线性规划问题求解的基本原理。在以x_1和x_2为坐标轴的坐标系里，图上任意一点的坐标就代表了决策变量x_1和x_2的一组值，也就代表了一个具体的决策方案。

下面以例 2-1 为例介绍图解法的解题过程。例 2-1 的每个约束条件都代表一个半平面，如约束条件$x_1 + x_2 \leqslant 300$是代表以直线$x_1 + x_2 = 300$为边界的左下方的半平面，也即这个半平面上的任一点都满足约束条件$x_1 + x_2 \leqslant 300$，而其余的点都不满足这个约束条件。同时满足约束条件$x_1 \geqslant 0, x_2 \geqslant 0, x_1 + x_2 \leqslant 300, 2x_1 + x_2 \leqslant 400, x_2 \leqslant 250$的点，必然落在这五个半平面的公共部分上（包括五条边界线），这五个半平面及其公共部分如图 2-1 所示。

可见公共部分的每一点（包括边界线上的点）都是这个线性规划的可行解，而此公共部分是例 2-1 的线性规划问题的可行解的集合，称为可行域。

由于实际问题不同，可行域的几何形状可以千变万化，但是可行域的集合结构都是凸集。凸集中，任何两点的连线线段都落在这个集合中。例如，平面上的矩形和圆、空间中的平行六面体与椭球体都是凸集。

目标函数$z = 50x_1 + 100x_2$，当z取某一数值时，也可以用直线在图上表示。z取不同的值就可以得到不同的直线，但不管z怎样取值，所得直线的斜率都是不变的，故对应于不同z值所得的不同直线都是互相平行的。由于对于z的某一取值所得的直线上的每一点都具有相同的目标函数值，故称它为等值线。

如图 2-2 所示，当z的取值逐渐增大时，直线$z = 50x_1 + 100x_2$沿其法线方向向右上方移动，同时由于要满足全部约束条件,决策变量一定要处在可行域内。当直线 $z=50x_1+100x_2$ 移动到 B 点时,z 值在可行域的边界上实现了最大化。这样就得到了例 2-1 的最优解 B 点,B 点坐标为 $(50,250)$,因此最佳决策为 $x_1=50$,$x_2=250$,此时 $z=27500$。

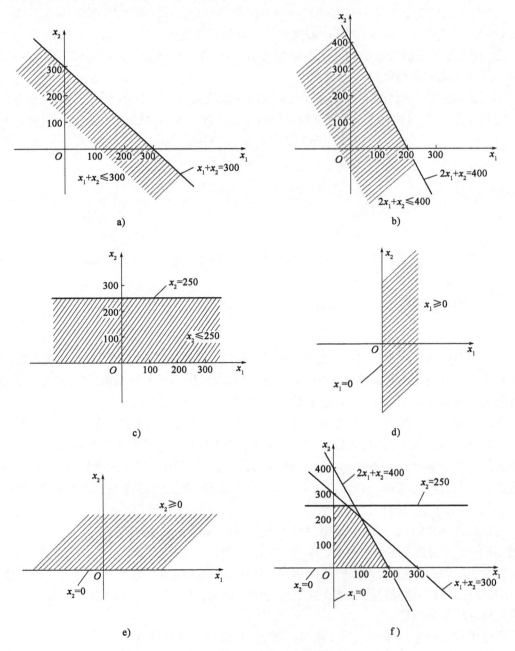

图 2-1 例 2-1 用图解法分析过程

上述分析说明该厂的最优生产计划方案是生产产品 Ⅰ 50 单位,生产产品 Ⅱ 250 单位,可得最大利润 27500 元。

下面来看一下在最优生产方案下资源消耗的情况。把 $x_1=50$,$x_2=250$ 代入约束条件得:

设备台时：
$$1 \times 50 + 1 \times 250 = 300(台时)$$
原料 A：
$$2 \times 50 + 1 \times 250 = 350(kg)$$
原料 B：
$$0 \times 50 + 1 \times 250 = 250(kg)$$

这表明生产 50 单位产品 Ⅰ 和 250 单位产品 Ⅱ 将耗完所有可使用的设备台时和原料 B，但对原料 A 来说只消耗了 350kg，400kg − 350kg = 50kg，即还有 50kg 没有使用。在线性规划中，将不等式约束条件中未被使用的资源或能力的值称为松弛量。例如，在生产 50 单位产品 Ⅰ 和 250 单位产品 Ⅱ 的最优方案中，对设备台时资源来说其松弛量为 0，对原料 B 来说其松弛量也为 0，而对原料 A 来说其松弛量为 50kg。

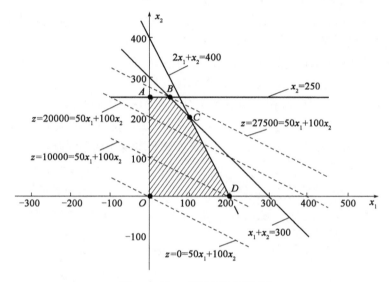

图 2-2　例 2-1 用图解法解题过程

为了把一个线性规划模型标准化，需要有代表没使用的资源或能力的变量，即松弛变量，可记为 s_i。显然这些松弛变量不会对目标函数产生影响，可以在目标函数中把这些松弛变量的系数看成零，添加松弛变量后我们得到如下数学模型：

$$\max z = 50x_1 + 100x_2 + 0s_1 + 0s_2 + 0s_3$$

$$\text{s.t.} \begin{cases} x_1 + x_2 + s_1 = 300 \\ 2x_1 + x_2 + s_2 = 400 \\ x_2 + s_3 = 250 \\ x_1, x_2, s_1, s_2, s_3 \geq 0 \end{cases}$$

像这样除变量的非负约束条件外把其他所有的约束条件都写成等式，称为线性规划模型的标准化，所得结果称为线性规划的标准形式。在标准形式中 b_i（右边常量）都要大于或等于 0，当某个 b_i 小于 0 时，只要方程两边都乘（−1）即可。

对例 2-1 的最优解 $x_1 = 50, x_2 = 250$ 来说，松弛变量的值如表 2-2 所示。

例 2-1 最优解对应松弛变量的值　　　　　表 2-2

约束条件	松弛变量的值
设备台时	$s_1 = 0$
原料 A 的数量	$s_2 = 50$
原料 B 的数量	$s_3 = 0$

关于松弛变量的值我们也可以从图解法中获得。从图 2-2 中我们知道例 2-1 的最优解位于直线 $x_2 = 250$ 与直线 $x_1 + x_2 = 300$ 的交点 B，故可知原料 B 和设备台时的松弛变量即 s_3 和 s_1 都为 0，而 B 点不在直线 $2x_1 + x_2 = 400$ 上，故可知 $s_2 > 0$。

图 2-2 中，A、B、C、D、O 是可行域的顶点，对有限个约束条件，其可行域的顶点也是有限的。从例 2-1 的求解过程中我们还观察到如下事实：

(1) 如果某一线性规划问题有最优解，则一定有一个可行域的顶点对应此最优解。

(2) 线性规划问题存在有无穷多个最优解的情况。若将例 2-1 中的目标函数变为求 $\max z = 50x_1 + 50x_2$，则代表目标函数的直线平移到最优位置后将和直线 $x_1 + x_2 = 300$ 重合。此时不仅顶点 B、C 都代表了最优解，而且线段 BC 上的所有点都代表了最优解，这样最优解就有无穷多个了。当然这些最优解都对应着相同的最优值 $50x_1 + 50x_2 = 15000$。

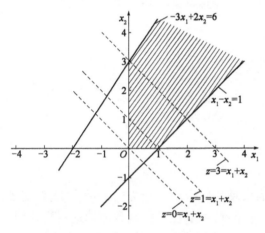

图 2-3 无最优解示例的图解法求解结果

(3) 线性规划存在无界解，即无最优解的情况。对下述线性规划问题：

$$\max z = x_1 + x_2$$
$$\text{s. t.} \begin{cases} x_1 - x_2 \leq 1 \\ -3x_1 + 2x_2 \leq 6 \\ x_1, x_2 \geq 0 \end{cases}$$

用图解法得到的求解结果见图 2-3。从图中可以看到，该问题可行域无界，目标函数值可以无限增大，无最优解。出现这种情况，一般说明线性规划模型有错误，该模型中忽略了一些实际存在的必要的约束条件。

(4) 线性规划存在无可行解的情况。若在例 2-1 的数学模型中再增加一个约束条件 $4x_1 + 3x_2 \geq 1200$，显然新的线性规划的可行域为空域，即不存在满足所有约束条件的 x_1 和 x_2，当然更不存在最优解了。这种情况是由约束条件自相矛盾导致的建模错误。

以下给出一个求目标函数最小化的线性规划问题。

例 2-2　某公司由于生产需要，共需要 A 和 B 两种原料至少 350t（A 和 B 两种原料有一定替代性），其中 A 原料至少购进 125t。但由于 A 和 B 两种原料的规格不同，各自所需的加工时间也是不同的，加工每吨 A 原料需要 2h，加工每吨 B 原料需要 1h，而公司总共有 600 个加工小时。每吨 A 原料的价格为 2 万元，每吨 B 原料的价格为 3 万元。在满足生产需要的前提下，在公司的加工能力范围内，如何购买 A 和 B 两种原料使得购进成本最低？

解 设 x_1 为购进原料 A 的吨数，x_2 为购进原料 B 的吨数，可以得到此线性规划的数学模型如下：

$$\min f = 2x_1 + 3x_2$$

$$\text{s.t.} \begin{cases} x_1 + x_2 \geq 350 \\ x_1 \geq 125 \\ 2x_1 + x_2 \leq 600 \\ x_1, x_2 \geq 0 \end{cases}$$

用图解法来解此题。首先得到此线性问题的可行域为图 2-4 中的阴影部分。再来看目标函数 $f = 2x_1 + 3x_2$，它在坐标平面上可表示为以 f 为参数、以 $-2/3$ 为斜率的一簇平行线，如图 2-4 所示。这些平行线随着 f 值的减小向左下方平移。可知当移动到 Q 点（即直线 $x_1 + x_2 = 350$ 与 $2x_1 + x_2 = 600$ 的交点）时，目标函数在可行域内取得最小值。Q 点的坐标可以联立线性方程 $x_1 + x_2 = 350, 2x_1 + x_2 = 600$ 求得，即 $x_1 = 250, x_2 = 100$。也即得到此线性规划问题的最优解，购买 A 原料 250t，购买 B 原料 100t，可使购进成本最低，即 $2x_1 + 3x_2 = 2 \times 250 + 3 \times 100 = 800$（万元）。

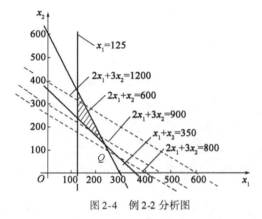

图 2-4 例 2-2 分析图

对此线性规划问题的最优解进行分析，可知购买的原料 A 与原料 B 的总量为 $1 \times 250 + 1 \times 100 = 350$(t)，正好达到约束条件的最低限，所需的加工时间为 $2 \times 250 + 1 \times 100 = 600$(h)，正好达到加工时间的最高限。而原料 A 的购进量 250t 则比原料 A 的购进量的最低限 125t 多 $250 - 125 = 125$(t)，这个超过量在线性规划中称为剩余量。

在不等式约束条件中，可以增加一些变量，代表最低限约束的超过量，即剩余变量。把不等式约束条件变为等式约束条件，添加松弛变量与剩余变量后例 2-2 的数学模型为：

$$\min f = 2x_1 + 3x_2 + 0s_1 + 0s_2 + 0s_3$$

$$\text{s.t.} \begin{cases} x_1 + x_2 - s_1 = 350 \\ x_1 - s_2 = 125 \\ 2x_1 + x_2 + s_3 = 600 \\ x_1, x_2, s_1, s_2, s_3 \geq 0 \end{cases}$$

从约束条件中可以知道，s_1 和 s_2 为剩余变量，s_3 为松弛变量[s 是松弛和剩余的英文 slack 和 surplus 的第一个字母]。上式中所有的约束条件（除变量的非负约束条件外）都为等式，故这也是线性规划问题的标准形式。此问题的最优解为 $x_1 = 250, x_2 = 100$，其松弛变量及剩余变量的值如表 2-3 所示。

例 2-2 最优解对应松弛变量及剩余变量的值　　　　表 2-3

约束条件	松弛变量及剩余变量的值
原料 A 与原料 B 的总量	$s_1 = 0$
原料 A 的数量	$s_2 = 125$
加工时间	$s_3 = 0$

2.3 图解法的灵敏度分析

由 2.2 节可知，线性规划的标准形式可写为：

$$\max z = c_1 x_1 + c_2 x_2 + \cdots + c_n x_n$$
$$(\text{或 } \min f = c_1 x_1 + c_2 x_2 + \cdots + c_n x_n)$$
$$\text{s.t.} \begin{cases} a_{11} x_1 + a_{12} x_2 + \cdots + a_{1n} x_n = b_1 \\ a_{21} x_1 + a_{22} x_2 + \cdots + a_{2n} x_n = b_2 \\ \cdots \\ a_{m1} x_1 + a_{m2} x_2 + \cdots + a_{mn} x_n = b_m \\ x_1, x_2, \cdots, x_n \geq 0 \end{cases}$$

其中：c_j 为第 j 个决策变量 x_j 在目标函数中的系数；a_{ij} 为第 i 个约束条件中第 j 个决策变量 x_j 的系数；b_i 为第 i 个约束条件中的常数项，要求 $b_i \geq 0$。当 $b_i < 0$ 时，可在方程两边都乘 (-1) 而使 $b_i > 0$。2.2 节所提到的松弛变量和剩余变量都可以看成决策变量，也可以用 x_i 而不用 s_i 来表示。

所谓灵敏度分析，就是在建立数学模型和求得最优解之后，研究线性规划的一些系数 c_j、a_{ij}、b_i 变化时对最优解产生的影响。灵敏度分析是非常重要的，首先是因为 c_j、a_{ij}、b_i 这些系数都是估计值和预测值，不一定非常精确；其次，即使这些系数值在某一时刻是精确值，它们也会随着市场条件的变化而变化，不是一成不变的。例如，原材料的价格、商品的售价、加工能力、劳动力的价格等的变化都会影响这些系数，有了灵敏度分析就不必为了应对这些变化而不停地建立新的模型和求其新的最优解，也不会由于系数的估计和预测的精确性而对所求得的最优解存有不必要的怀疑。以下用图解法对目标函数中的系数 c_j 以及约束条件中的常数项 b_i 进行灵敏度分析。

2.3.1 目标函数中的系数 c_j 的灵敏度分析

让我们以例 2-1 为例来看一下 c_j 的变化是如何影响其最优解的。从例 2-1 中知道生产 1 单位产品 I 可以获利 50 元（$c_1 = 50$），生产 1 单位产品 II 可以获利 100 元（$c_2 = 100$）。在目前的生产条件下求得生产产品 I 50 单位，产品 II 250 单位可以获得最大利润。当产品 I、产品 II

中的某一产品的单位利润增加或减少时,则意味着为了获取最大利润就应该增加或减少这一产品的产量,也就是改变最优解。但是往往不能精确地定出这一产品利润变化的上限与下限,使得利润在这个范围内变化时其最优解不变,即仍然生产 50 单位产品 I 和 250 单位产品 II 而使获利最大。下面就用图解法定出其上限与下限。

从图 2-5 中可以看出,只要目标函数的斜率在直线 E(设备约束条件)的斜率与直线 F(原料 B 的约束条件)的斜率之间变化,坐标为 $x_1=50, x_2=250$ 的顶点 B 就仍然是最优解。如果将目标函数的直线按逆时针方向旋转,当目标函数的斜率等于直线 F 的斜率时,可知线段 AB 上的任一点都是其最优解。如果继续按逆时针方向旋转,可知 A 点为其最优解。

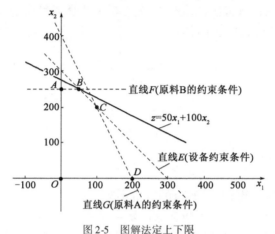

图 2-5　图解法定上下限

如果将目标函数直线按顺时针方向旋转,当目标函数的斜率等于直线 E 的斜率时可知线段 BC 上的任一点都是其最优解。如果继续按顺时针方向旋转,当目标函数的斜率在直线 E 的斜率与直线 G 的斜率之间时,顶点 C 为其最优解。当目标函数的斜率等于直线 G 的斜率时,则线段 CD 上的任一点都是其最优解。如果再继续按顺时针方向旋转,可知顶点 D 为其最优解。直线 E 的方程为:

$$x_1 + x_2 = 300$$

用斜截式可以表示为:

$$x_2 = -x_1 + 300$$

可知直线 E 的斜率为 -1,直线 F、直线 G 也可以用斜截式分别表示为:

$$x_2 = 0 \times x_1 + 250$$
$$x_2 = -2x_1 + 400$$

可知直线 F 的斜率为 0,直线 G 的斜率为 -2,而且目标函数为:

$$z = c_1 x_1 + c_2 x_2$$

用斜截式也可以表示为:

$$x_2 = -\frac{c_1}{c_2} x_1 + \frac{z}{c_2}$$

可知目标函数的斜率为 $-c_1/c_2$。这样正如上所述,当:

$$-1 \leqslant -\frac{c_1}{c_2} \leqslant 0 \tag{2-1}$$

时，顶点 B 仍然是其最优解，为了计算出 c_1 在什么范围内变化时顶点 B 仍然是其最优解，我们假设产品Ⅱ的单位利润为 100 元不变，即 $c_2 = 100$，则有：

$$-1 \leq -\frac{c_1}{100} \leq 0$$

解得：

$$0 \leq c_1 \leq 100$$

即只要当产品Ⅱ的单位利润为 100 元，产品Ⅰ的单位利润在 0 与 100 之间变化时，坐标为 $x_1 = 50, x_2 = 250$ 的顶点 B 仍然是其最优解。

同样为了计算出 c_2 在什么范围内变化时顶点 B 仍然是其最优解，假设产品Ⅰ的单位利润为 50 元不变，即 $c_1 = 50$，代入式(2-1)得：

$$-1 \leq -\frac{50}{c_2} \leq 0 \tag{2-2}$$

从式(2-2)左边不等式可得：

$$-c_2 \leq -50$$
$$c_2 \geq 50 \tag{2-3}$$

从式(2-2)右边不等式可得：

$$0 < c_2 < +\infty \tag{2-4}$$

综合式(2-3)和式(2-4)得到式(2-2)的等价不等式：

$$50 \leq c_2 < +\infty$$

即当产品Ⅰ的单位利润为 50 元不变，而产品Ⅱ的单位利润只要大于或等于 50 元，顶点 B 仍为其最优解。

同样，在 c_1 和 c_2 中一个值确定不变时，可求出另一个值的变化范围使其最优解在 C 点(或在 D 点，或在 A 点)。

当 c_1 和 c_2 都变化时，则可通过式(2-1)判断 B 点是否仍为其最优解。例如当 $c_1 = 60, c_2 = 55$ 时，因为 $-c_1/c_2 = -60/55$，不满足式(2-1)，可知 B 点已不是其最优解了，但 -2(直线 G 的斜率) $< -60/55 < -1$(直线 E 的斜率)，所以此时 C 点(其坐标为 $x_1 = 100, x_2 = 200$)为其最优解。

2.3.2　约束条件中右边常数项 b_i 的灵敏度分析

当约束条件右边常数项 b_i 变化时，其线性规划的可行域也将变化，这样就可能引起最优解的变化。为了说明这方面的灵敏度分析，不妨假设例 2-1 中的设备台时增加了 10 个，共有 310 个台时，这样例 2-1 中的设备台时的约束条件就变为：

$$x_1 + x_2 \leq 310$$

由于增加了 10 个台时，它的可行域扩大了，如图 2-6 所示。

新的可行域为五边形 $OAB'C'D$。由于目标函数及各约束条件的直线的斜率都不变，所以可知最优解由 B 点(直线 $x_2 = 250$ 与直线 $x_1 + x_2 = 300$ 的交点)变为 B' 点(直线 $x_2 = 250$ 与直线 $x_1 + x_2 = 310$ 的交点)。B' 点的坐标即为方程组 $\begin{cases} x_2 = 250 \\ x_1 + x_2 = 310 \end{cases}$ 的解，解得 B' 点的坐标为 $x_1 = 60, x_2 =$

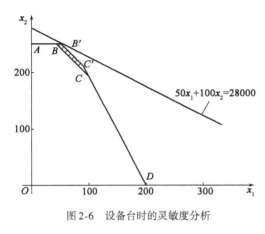

图 2-6 设备台时的灵敏度分析

250,这样获得的最大利润即为 $50×60+100×250=28000$(元),比原来获得的最大利润 27500 元增加了 $28000-27500=500$(元),这是由于增加了 10 个台时的设备而获得的。这样每增加一个台时的设备就可以多获得 $500/10=50$(元)的利润。

像这样在约束条件右边常数项增加一个单位而使最优目标函数值得到改进的数量,称为这个约束条件的对偶价格。从上面的讨论可知,设备的对偶价格为 50 元/台时。也就是说,如果增加或减少若干个台时,那么总利润将增加或减少若干个 50 元。

下面来看例 2-1 中的原料 A 增加 10kg,将会对最优解和最优值产生什么影响。

由于原料 A 增加了 10kg,例 2-1 中的原料 A 的约束条件变为:

$$2x_1+x_2 \leqslant 410$$

从图 2-7 可以看到,这使得此线性规划的可行域扩大了,增加了图 2-7 中的阴影部分,但是并不影响它的最优解和最优值,它的最优解仍然是 B 点,它的最优值仍然是 27500,没有任何的改进。这样原料 A 的对偶价格就为 0。其实这个问题不需要通过计算就很容易理解。由于当生产产品Ⅰ 50 单位,产品Ⅱ 250 单位时(即 $x_1=50,x_2=250$),原料 A 还有 50kg 没有使用(即松弛变量 $s_2=50$),如果我们再增加 10kg 原料 A,也只不过是增加库存而已,是不会再增加利润的,故原料 A 的对偶价格为 0。所以当某约束条件中的松弛变量(或剩余变量)不为 0 时,则这个约束条件的对偶价格为 0。

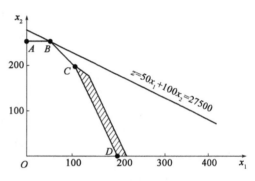

图 2-7 原料 A 数量的灵敏度分析

某一约束条件的对偶价格仅仅在某一范围内是有效的。当这种约束条件的资源不断地获得,使得其 b_i 值不断增大时,由于其他约束条件的限制,则这种约束条件的资源用不完,即其松弛变量不为 0,其对偶价格为 0。

在求目标函数最大值的情况下,除了对偶价格大于 0、等于 0 的情况外,还存在着对偶价格小于 0 的情况。当某约束条件对偶价格小于 0 时,约束条件右边常数项增加 1 单位,就使得其最优目标函数值减少 1 个对偶价格;当对偶价格等于 0 时,约束条件右边常数项增加 1 个单位并不影响其最优目标函数值;当对偶价格大于 0 时,约束条件右边常数项增加 1 个单位,就使得其最优目标函数值增加 1 个对偶价格。综上所述,当约束条件右边常数项增加 1 个单位时:

(1) 如果对偶价格大于 0,则其最优目标函数值得到改进。即求最大值时,最优目标函数值变得更大;求最小值时,最优目标函数值变得更小。

(2) 如果对偶价格小于 0,则其最优目标函数值变坏。即求最大值时,最优目标函数值变小了;求最小值时,最优目标函数值变大了。

(3) 如果对偶价格等于 0,则其最优目标函数值不变。

习题

1. 考虑下面的线性规划问题:

$$\max z = 2x_1 + 3x_2$$

$$\text{s. t.} \begin{cases} x_1 + 2x_2 \leq 6 \\ 5x_1 + 3x_2 \leq 15 \\ x_1, x_2 \geq 0 \end{cases}$$

(1) 画出其可行域。
(2) 当 $z = 6$ 时,画出等值线 $2x_1 + 3x_2 = 6$。
(3) 用图解法求出其最优解以及最优目标函数值。

2. 用图解法求解下列线性规划问题,并指出哪些问题具有唯一最优解,哪些问题具有无穷多最优解,哪些问题具有无界解或无可行解。

(1)
$$\min f = 6x_1 + 4x_2$$
$$\text{s. t.} \begin{cases} 2x_1 + x_2 \geq 1 \\ 3x_1 + 4x_2 \geq 3 \\ x_1, x_2 \geq 0 \end{cases}$$

(2)
$$\max z = 4x_1 + 8x_2$$
$$\text{s. t.} \begin{cases} 2x_1 + 2x_2 \leq 10 \\ -x_1 + x_2 \geq 8 \\ x_1, x_2 \geq 0 \end{cases}$$

(3)
$$\max z = x_1 + x_2$$
$$\text{s. t.} \begin{cases} 8x_1 + 6x_2 \geq 24 \\ 4x_1 + 6x_2 \geq -12 \\ 2x_2 \geq 4 \\ x_1, x_2 \geq 0 \end{cases}$$

(4)
$$\max z = 3x_1 - 2x_2$$
$$\text{s. t.} \begin{cases} x_1 + x_2 \leq 1 \\ 2x_1 + 2x_2 \geq 4 \\ x_1, x_2 \geq 0 \end{cases}$$

(5)
$$\max z = 3x_1 + 9x_2$$
$$\text{s. t.} \begin{cases} x_1 + 3x_2 \leq 22 \\ -x_1 + x_2 \leq 4 \\ x_2 \leq 6 \\ 2x_1 - 5x_2 \leq 0 \\ x_1, x_2 \geq 0 \end{cases}$$

(6)
$$\max z = 3x_1 + 4x_2$$
$$\text{s.t.} \begin{cases} -x_1 + 2x_2 \leq 8 \\ x_1 + 2x_2 \leq 12 \\ 2x_1 + x_2 \leq 16 \\ 2x_1 - 5x_2 \leq 0 \\ x_1, x_2 \geq 0 \end{cases}$$

3. 将下面的线性规划问题化成标准形式。

(1)
$$\max z = 3x_1 + 2x_2$$
$$\text{s.t.} \begin{cases} 9x_1 + 2x_2 \leq 30 \\ 3x_1 + 2x_2 \leq 13 \\ 2x_1 + 2x_2 \leq 9 \\ x_1, x_2 \geq 0 \end{cases}$$

(2)
$$\min f = 4x_1 + 6x_2$$
$$\text{s.t.} \begin{cases} 3x_1 - x_2 \geq 6 \\ x_1 + 2x_2 \leq 10 \\ 7x_1 - 6x_2 = 4 \\ x_1, x_2 \geq 0 \end{cases}$$

(3)
$$\min f = -x_1 - 2x_2$$
$$\text{s.t.} \begin{cases} 3x_1 + 5x_2 \leq 70 \\ -2x_1 - 5x_2 = 50 \\ -3x_1 + 2x_2 \geq 30 \\ x_1 \leq 0, -\infty \leq x_2 \leq +\infty \end{cases}$$

(提示：可以令 $x_1' = -x_1$，这样可得 $x_1' \geq 0$；同样可以令 $x_2' - x_2'' = x_2$，其中 $x_2', x_2'' \geq 0$，可见当 $x_2' \geq x_2''$ 时，$x_2 \geq 0$，当 $x_2' \leq x_2''$ 时，$x_2 \leq 0$，即 $-\infty \leq x_2 \leq +\infty$。这样原线性规划问题可以化为含有 x_1', x_2', x_2'' 的线性规划问题，这里决策变量 $x_1', x_2', x_2'' \geq 0$。)

4. 对下面的线性规划问题：
$$\max z = 10x_1 + 5x_2$$
$$\text{s.t.} \begin{cases} 3x_1 + 4x_2 \leq 9 \\ 5x_1 + 2x_2 \leq 8 \\ x_1, x_2 \geq 0 \end{cases}$$

(1) 用图解法求解。
(2) 写出此线性规划问题的标准形式。
(3) 求出此线性规划问题最优解对应的两个松弛变量的值。

5. 对下面的线性规划问题：
$$\min f = 11x_1 + 8x_2$$

$$\text{s.t.} \begin{cases} 10x_1 + 2x_2 \geq 20 \\ 3x_1 + 3x_2 \geq 18 \\ 4x_1 + 9x_2 \geq 36 \\ x_1, x_2 \geq 0 \end{cases}$$

(1) 用图解法求解。

(2) 写出此线性规划问题的标准形式。

(3) 求出此线性规划问题的三个剩余变量的值。

6. 对下面的线性规划问题：

$$\max f = 2x_1 + 3x_2$$

$$\text{s.t.} \begin{cases} x_1 + x_2 \leq 10 \\ 2x_1 + x_2 \geq 4 \\ x_1 + 3x_2 \leq 24 \\ 2x_1 + x_2 \leq 16 \\ x_1, x_2 \geq 0 \end{cases}$$

(1) 用图解法求解。

(2) 假定 c_2 值不变时，求出使其最优解不变的 c_1 值的变化范围。

(3) 假定 c_1 值不变时，求出使其最优解不变的 c_2 值的变化范围。

(4) 当 c_1 值从 2 变为 4，c_2 值不变时，求出新的最优解。

(5) 当 c_1 值不变，c_2 值从 3 变为 1 时，求出新的最优解。

(6) 当 c_1 值从 2 变为 2.5，c_2 值从 3 变为 2.5 时，其最优解是否变化？为什么？

7. 某公司目前正在制造产品Ⅰ和产品Ⅱ两种产品，现在产品Ⅰ和产品Ⅱ的日产量分别为 30 个和 120 个。公司负责制造的副总经理希望了解是否能通过改变这两种产品的数量而提高公司的利润。公司各车间制造单位产品所需的加工工时和各个车间的加工能力及单位产品利润如表 2-4 所示。

习题 7 数据　　　　　　　　　　　　　　　　　　　　　表 2-4

车间	制造单位产品Ⅰ所需的加工工时	制造单位产品Ⅱ所需的加工工时	车间加工能力（每天加工工时）
1	2	0	300
2	0	3	540
3	2	2	440
4	1.2	1.5	300
单位产品利润（元）	500	400	

(1) 假设生产的全部产品都能销售出去，用图解法确定最优产品组合，即确定使得总利润最大的产品Ⅰ和产品Ⅱ的日产量。

(2) 在(1)所求得的最优产品组合中，四个车间中哪些车间的加工能力还有剩余？剩余多少？这在线性规划中称为剩余变量还是松弛变量？

(3) 四个车间能力的对偶价格各为多少？即四个车间的加工能力分别增加 1 个加工工时

时给公司能带来多少额外的利润？

(4) 当产品Ⅰ的单位利润不变，产品Ⅱ的单位利润在什么范围内变化时，此最优解不变？当产品Ⅱ的单位利润不变，产品Ⅰ的单位利润在什么范围内变化时，此最优解不变？

(5) 当产品Ⅰ的单位利润从500元减少为450元，而产品Ⅱ的单位利润从400元增加为430元时，原来的最优产品组合是否仍然是最优产品组合？如有变化，新的最优产品组合是什么？

8. 某公司受委托，准备把120万元投资A和B两种基金，其中A基金的单位投资额为50元，年回报率为10%，B基金的单位投资额为100元，年回报率为4%。委托人要求在每年的回报金额至少达到6万元的基础上投资风险最小。据测定每单位A基金的投资风险指数为8，每单位B基金的投资风险指数为3，风险指数越大表明投资风险越大。委托人要求在基金B中的投资额不少于30万元。

(1) 为了使总的投资风险指数最小，该公司应该在基金A和B中各投资多少单位？这时每年的回报金额是多少？

(2) 要使总的投资回报金额最大，该公司应该如何投资？

第3章

线性规划在管理中的应用

　　线性规划是应用最广泛、最成功的运筹学分支。在线性规划以及运筹学的其他分支的应用中,一个重要的方面就是建立简繁适当、能反映实际问题的主要因素、可得出正确结论并能取得经济效益的数学模型。在大多数情况下,建立数学模型要经过几个阶段的精心思考。建立数字模型实际上是一个多次迭代的过程,每一次迭代大体上包括:实际问题的抽象、简化,做出假设,明确变量和参数;形成明确的数学问题;用解析法或数值法求解问题;对结果进行分析和验证,如果符合实际即可应用,否则要进行修改,进入下一次迭代。最初,为了将实际情况简化得能较容易地建立一个粗略的、可以使用的模型,常常只考虑少量重要因素,而将较多次要因素略去。但这样使得建立的模型与实际情况相差较大,甚至得不出正确的结论。因此,要在此基础上再加进一些被省略的因素中显得较为重要的因素,变更已建立的模型。重复这一过程直到建立一个符合上述要求的模型为止。此时如再加进不重要的因素,将使模型变得太复杂,难以求解或增加的求解费用大于所取得的经济效益,从而使决策单位得不偿失。这一整套建立数学模型的过程,说起来比较简单,但要真正做到并不是一件轻而易举的事。有人说,建立数学模型,与其说是科学,不如说是艺术,这是有一定道理的。

　　本章通过几个不同类型的被简化的、较为标准的问题来说明建立模型的基本思路和技巧。当然客观现实是复杂的和千变万化的,不可能有一套一成不变的方法,更不可能在教材中将建立线性规划模型的技巧罗列无遗。这就要求我们在实践中不断积累经验,锻炼能力,探索技巧,充分发挥创造性和想象能力,达到熟能生巧的地步。

3.1 人力资源分配的问题

　　例 3-1 某昼夜服务的公交线路每天各时间段内所需工作人员人数如表 3-1 所示。设工作人员分别在各时间段开始时上班,并连续工作 8h。该公交线路应怎样安排工作人员,既能满足工作需要,又能使配备工作人员的人数最少?

例 3-1 数据　　　　　　　　　　　　　　　　　表 3-1

班次	时间	工作人员人数	班次	时间	工作人员人数
1	6:00—10:00	60	4	18:00—22:00	50
2	10:00—14:00	70	5	22:00—2:00	20
3	14:00—18:00	60	6	2:00—6:00	30

解　设 x_i 表示第 i 班次时开始上班的工作人员人数,这样可以知道在第 i 班次工作的人数应包括第 $i-1$ 班次时开始上班的人数和第 i 班次时开始上班的人数,如有 $x_1+x_2\geq 70$。又要求这六个班次时开始上班的所有人员最少,即要求 $x_1+x_2+x_3+x_4+x_5+x_6$ 最小,这样建立如下的数学模型:

$$\min z = x_1+x_2+x_3+x_4+x_5+x_6$$

$$\text{s.t.} \begin{cases} x_1+x_6 \geq 60 \\ x_1+x_2 \geq 70 \\ x_2+x_3 \geq 60 \\ x_3+x_4 \geq 50 \\ x_4+x_5 \geq 20 \\ x_5+x_6 \geq 30 \\ x_1,x_2,x_3,x_4,x_5,x_6 \geq 0 \end{cases}$$

可以求得此问题的最优解: $x_1=50, x_2=20, x_3=50, x_4=0, x_5=20, x_6=10$,一共需要工作人员 150 人。

例 3-2　一家中型百货商场对售货员的需求经过统计分析如表 3-2 所示。为了保证售货员充分休息,要求每名售货员每周工作 5 天,休息 2 天,并要求休息的 2 天是连续的。应该如何安排售货员的休息日期,既满足工作需要,又使配备的售货员人数最少?

例 3-2 数据　　　　　　　　　　　　　　　　　表 3-2

时间	所需售货员人数	时间	所需售货员人数
星期一	15	星期五	31
星期二	24	星期六	28
星期三	25	星期日	28
星期四	19		

解　设 x_1 为星期一开始休息的人数, x_2 为星期二开始休息的人数, ……, x_6 为星期六开始休息的人数, x_7 为星期日开始休息的人数。我们的目标是要求配备售货员的总人数最少。因为每名售货员都工作 5 天,连续休息 2 天,所以只要计算出连续休息 2 天的售货员人数,也就计算出了售货员的总人数。把连续休息 2 天的售货员按照开始休息的时间分成 7 类,各类的人数分别为 $x_1,x_2,\cdots,x_7$,则目标函数为:

$$z = x_1+x_2+x_3+x_4+x_5+x_6+x_7$$

再按照每天所需售货员的人数写出约束条件。例如,星期日需要 28 人,而商场中的全体售货员中除了星期六开始休息和星期日开始休息的人外都应该上班,即有 $x_1+x_2+x_3+x_4+x_5 \geq$

28,这样就建立了如下的数学模型:

$$\min z = x_1 + x_2 + x_3 + x_4 + x_5 + x_6 + x_7$$

$$\text{s.t.} \begin{cases} x_1 + x_2 + x_3 + x_4 + x_5 \geq 28 \\ x_2 + x_3 + x_4 + x_5 + x_6 \geq 15 \\ x_3 + x_4 + x_5 + x_6 + x_7 \geq 24 \\ x_4 + x_5 + x_6 + x_7 + x_1 \geq 25 \\ x_5 + x_6 + x_7 + x_1 + x_2 \geq 19 \\ x_6 + x_7 + x_1 + x_2 + x_3 \geq 31 \\ x_7 + x_1 + x_2 + x_3 + x_4 \geq 28 \\ x_1, x_2, x_3, x_4, x_5, x_6, x_7 \geq 0 \end{cases}$$

求得此问题的最优解:$x_1 = 12, x_2 = 0, x_3 = 11, x_4 = 5, x_5 = 0, x_6 = 8, x_7 = 0$,目标函数的最小值为36。也就是说,我们配备36名售货员,并安排12人在星期一和星期二休息;安排11人在星期三和星期四休息;安排5人在星期四和星期五休息;安排8人在星期六和星期日休息。这样的安排既能满足工作需要,又使配备的售货员人数最少。

往往一些服务行业的企业对人力资源的需求一周内如例3-2所描述的那样变化,而每天的各时间段的需求又如例3-1所描述的那样变化,在保证工作人员每天工作8h,每周连续休息2天的情况下,如何安排能使人员的编制最小呢?

我们只要用例3-1的方法,分别求出周一至周日每天的人员的需求人数,再用例3-2的方法,即可求出该公司的最小编制。

3.2 生产计划的问题

例3-3 某公司面临是外包协作还是自行生产的问题。该公司有甲、乙、丙三种产品,这三种产品都要经过铸造、机械加工和装配三道工序。甲、乙两种产品的铸件可以外包协作,亦可以自行生产,但产品丙必须由本公司铸造才能保证质量。有关情况如表3-3所示,公司中可利用的总工时为:铸造8000h,机械加工12000h,装配10000h。为了获得最大利润,甲、乙、丙三种产品各应生产多少件?甲、乙两种产品的铸件有多少由本公司铸造?有多少为外包协作?

例3-3 数据　　　　　　　　　　　　　　　　　表3-3

工时、成本与售价	甲	乙	丙
每件铸造工时(h)	5	10	7
每件机械加工工时(h)	6	4	8
每件装配工时(h)	3	2	2
自行生产铸件每件成本(元)	3	5	4
外包协作铸件每件成本(元)	5	6	—
机械加工每件成本(元)	2	1	3
装配每件成本(元)	3	2	2
每件产品售价(元)	23	18	16

解 设 x_1, x_2, x_3 分别为全部工序都由本公司完成的甲、乙、丙三种产品的件数,x_4, x_5 分别为由外包协作铸造再由本公司进行机械加工和装配的甲、乙两种产品的件数。每件产品的利润如下:

产品甲全部工序自行生产的利润:$23 - (3 + 2 + 3) = 15$(元);
产品甲铸造工序外包协作,其余工序自行生产的利润:$23 - (5 + 2 + 3) = 13$(元);
产品乙全部工序自行生产的利润:$18 - (5 + 1 + 2) = 10$(元);
产品乙铸造工序外包协作,其余工序自行生产的利润:$18 - (6 + 1 + 2) = 9$(元);
产品丙的利润:$16 - (4 + 3 + 2) = 7$(元)。

建立如下数学模型:

$$\max z = 15x_1 + 10x_2 + 7x_3 + 13x_4 + 9x_5$$

$$\text{s. t.} \begin{cases} 5x_1 + 10x_2 + 7x_3 \leq 8000 \\ 6x_1 + 4x_2 + 8x_3 + 6x_4 + 4x_5 \leq 12000 \\ 3x_1 + 2x_2 + 2x_3 + 3x_4 + 2x_5 \leq 10000 \\ x_1, x_2, x_3, x_4, x_5 \geq 0 \end{cases}$$

求得:$x_1 = 1600, x_2 = 0, x_3 = 0, x_4 = 0, x_5 = 600$,最大利润为 29400 元。即其最优的生产计划为生产全部工序都由本公司完成的产品甲 1600 件,铸造工序外包协作而其余工序自行生产的产品乙 600 件。

3.3 套裁下料问题

例 3-4 某工厂要做 100 套钢架,每套钢架需要长度分别为 2.9m、2.1m 和 1.5m 的圆钢各一根。已知原材料每根长 7.4m,应如何下料,可使所用原材料最省?

解 最简单的做法是在每根原材料上截取 2.9m、2.1m 和 1.5m 的圆钢各一根组成一套,每根原材料剩下料头 0.9m。为了做 100 套钢架,需要原材料 100 根,共有 90m 的料头。若改用套裁,则可以节约不少原材料。为了找到一个省料的套裁方案,我们可以列出所有可能的下料方案,如表 3-4 所示,以供套裁用。

下料方案(单位:根)   表 3-4

长度(m)	方案							
	一	二	三	四	五	六	七	八
2.9	1	2	0	1	0	1	0	0
2.1	0	0	2	2	1	1	3	0
1.5	3	1	2	0	3	1	0	4
合计(m)	7.4	7.3	7.2	7.1	6.6	6.5	6.3	6.0
料头(m)	0	0.1	0.2	0.3	0.8	0.9	1.1	1.4

为了用最少的原材料得到100套钢架,需要混合使用表3-4中的几种下料方案,设按方案一~方案八下料的原材料根数为 $x_1 \sim x_8$,可列出下面的数学模型:

$$\min z = x_1 + x_2 + x_3 + x_4 + x_5 + x_6 + x_7 + x_8$$

$$\text{s.t.} \begin{cases} x_1 + 2x_2 + x_4 + x_6 \geq 100 \\ 2x_3 + 2x_4 + x_5 + x_6 + 3x_7 \geq 100 \\ 3x_1 + x_2 + 2x_3 + 3x_5 + x_6 + 4x_8 \geq 100 \\ x_1, x_2, x_3, x_4, x_5, x_6, x_7, x_8 \geq 0 \end{cases}$$

求得最优下料方案:方案一下料30根,方案二下料10根,方案四下料50根($x_1 = 30, x_2 = 10, x_3 = 0, x_4 = 50, x_5 = 0, x_6 = x_7 = x_8 = 0$),即只需90根原材料(目标函数最小值为90)即可制造100套钢架。

如果所有可能的下料方案太多,我们可以先设计出较好的几个下料方案。所谓较好,首先要求每个方案下料后的料头较短;其次要求这些方案的总体能裁下所有各种规格的圆钢,并且不同方案有着不同的各种所需圆钢的比。这样套裁即使不是最优解,也是次优解,也能满足对各种不同规格圆钢的需要并达到省料的目的。例如我们选取前5种下料方案供套裁用,进行建模求解,也可以得到上述的最优解。

注意,在建立此数学模型时,约束条件用大于等于号(≥)比用等号(=)要好。因为有时在套用一些下料方案时可能会多出一根某种规格的圆钢,但它可能是最优方案。如果用等号(=),这个套用方案就不是可行解了。约束条件用大于等于号(≥)时,目标函数本来求所用原材料最少和求料头最少是一样的,但由于在第一个下料方案中料头为0,无论按第一个下料方案下多少根,料头都为0,所以目标函数就一定要求原材料最少。

如例3-4那样在一个一定长度的原材料上裁出不同长度的产品,是一个线裁问题;在一个一定形状的面积上,裁出不同形状的产品,是一个面裁问题。当然,类似地还有体裁问题。

例3-4告诉了我们如何用套裁下料的方法解决线裁优化问题,这种方法是否可以推广到面裁、体裁优化问题呢?答案是肯定的,我们只要如例3-4那样,设计出一些较好的下料方案,然后用类似的线性规划模型,即可解决这些问题。

3.4 配料问题

例3-5 某工厂要用1、2、3三种原材料混合调配出三种不同规格的产品甲、乙、丙,产品的规格要求及产品单价、每天能供应的原材料数量及原材料单价分别如表3-5和表3-6所示。该厂应如何安排生产,才能使利润最大?

产品规格及单价　　　　　　　　　　　表3-5

产品名称	规格要求	单价(元/kg)
甲	原材料1不少于50% 原材料2不超过25%	50

续上表

产品名称	规格要求	单价(元/kg)
乙	原材料1 不少于 25% 原材料2 不超过 50%	35
丙	不限	25

原材料供应量及单价　　　　　　　　　　　　　　　表 3-6

原材料名称	每天最多供应量(kg)	单价(元/kg)
1	100	65
2	100	25
3	60	35

解 设 x_{ij} 表示第 i（分别用 1、2、3 表示产品甲、乙、丙）种产品中原材料 j 的含量。例如，x_{23} 就表示产品乙中原材料3的含量，我们的目标是使利润最大，利润的计算公式如下：

$$利润 = \sum_{i=1}^{3}(销售单价 \times 该产品的数量) - \sum_{j=1}^{3}(每种原材料单价 \times 使用原材料数量)$$

故得：

$\max 50(x_{11}+x_{12}+x_{13}) + 35(x_{21}+x_{22}+x_{23}) + 25(x_{31}+x_{32}+x_{33}) - 65(x_{11}+x_{21}+x_{31}) - 25(x_{12}+x_{22}+x_{32}) - 35(x_{13}+x_{23}+x_{33}) = -15x_{11} + 25x_{12} + 15x_{13} - 30x_{21} + 10x_{22} - 40x_{31} - 10x_{33}$

从表 3-5 可知：

$$x_{11} \geq 0.5(x_{11}+x_{12}+x_{13})$$
$$x_{12} \leq 0.25(x_{11}+x_{12}+x_{13})$$
$$x_{21} \geq 0.25(x_{21}+x_{22}+x_{23})$$
$$x_{22} \leq 0.5(x_{21}+x_{22}+x_{23})$$

从表 3-6 中可知加入产品甲、乙、丙的原材料不能超过原材料的供应数量的限额，所以有：

$$x_{11}+x_{21}+x_{31} \leq 100$$
$$x_{12}+x_{22}+x_{32} \leq 100$$
$$x_{13}+x_{23}+x_{33} \leq 60$$

通过整理得到此问题的约束条件：

$$0.5x_{11} - 0.5x_{12} - 0.5x_{13} \geq 0$$
$$-0.25x_{11} + 0.75x_{12} - 0.25x_{13} \leq 0$$
$$0.75x_{21} - 0.25x_{22} - 0.25x_{23} \geq 0$$
$$-0.5x_{21} + 0.5x_{22} - 0.5x_{23} \leq 0$$
$$x_{11}+x_{21}+x_{31} \leq 100$$
$$x_{12}+x_{22}+x_{32} \leq 100$$
$$x_{13}+x_{23}+x_{33} \leq 60$$
$$x_{ij} \geq 0 \ (i=1,2,3;j=1,2,3)$$

建立此问题的数学模型如下：

$$\max z = -15x_{11} + 25x_{12} + 15x_{13} - 30x_{21} + 10x_{22} - 40x_{31} - 10x_{33}$$

$$\text{s.t.} \begin{cases} 0.5x_{11} - 0.5x_{12} - 0.5x_{13} \geq 0 \\ -0.25x_{11} + 0.75x_{12} - 0.25x_{13} \leq 0 \\ 0.75x_{21} - 0.25x_{22} - 0.25x_{23} \geq 0 \\ -0.5x_{21} + 0.5x_{22} - 0.5x_{23} \leq 0 \\ x_{11} + x_{21} + x_{31} \leq 100 \\ x_{12} + x_{22} + x_{32} \leq 100 \\ x_{13} + x_{23} + x_{33} \leq 60 \\ x_{ij} \geq 0 \ (i=1,2,3; j=1,2,3) \end{cases}$$

此线性规划的最优解为 $x_{11}=100, x_{12}=50, x_{13}=50$，其余的 $x_{ij}=0$，也就是说，每天只生产产品甲 200kg，需要用的原材料 1 为 100kg，原材料 2 为 50kg，原材料 3 为 50kg。

3.5 投资问题

例 3-6 某部门现有资金 200 万元，今后五年内考虑给以下的项目投资：

项目 A：从第一年到第五年每年年初都可投资，当年末能收回本利 110%。

项目 B：从第一年到第四年每年年初都可投资，次年末能收回本利 125%，但规定每年最大投资额不能超过 30 万元。

项目 C：第三年初需要投资，到第五年末能收回本利 140%，但规定最大投资额不能超过 80 万元。

项目 D：第二年初需要投资，到第五年末能收回本利 155%，但规定最大投资额不能超过 100 万元。

据测定每次投资 1 万元的风险指数如表 3-7 所示。

投资风险指数　　　　　　　　　　　表 3-7

项目	风险指数（每次投资 1 万元）	项目	风险指数（每次投资 1 万元）
A	1	C	4
B	3	D	5.5

应如何确定这些项目每年的投资额，从而使得第五年末拥有资金的本利金额最大？应如何确定这些项目每年的投资额，从而使得第五年末拥有资金的本利在 330 万元且总的风险系数最小？

解 这是一个连续投资的问题。

①确定变量。

设 x_{ij} 为第 i 年初投资于项目 j 的金额(单位:万元),根据给定条件,将变量列于表 3-8 中。

例 3-6 变 量 表 3-8

项目	年份				
	1	2	3	4	5
A	x_{1A}	x_{2A}	x_{3A}	x_{4A}	x_{5A}
B	x_{1B}	x_{2B}	x_{3B}	x_{4B}	
C			x_{3C}		
D		x_{2D}			

②确定约束条件。

因为项目 A 每年都可以投资,并且当年末都能收回本息,所以该部门每年都应把资金投出去,手中不应当有剩余的呆滞资金,因此:

第一年,该部门年初有资金 200 万元,故有:

$$x_{1A} + x_{1B} = 200$$

第二年,因第一年给项目 B 的投资要到第二年末才能收回,所以该部门在第二年初拥有资金仅为项目 A 在第一年投资额所收回的本息 110% x_{1A},故有:

$$x_{2A} + x_{2B} + x_{2D} = 1.1x_{1A}$$

第三年,第三年初的资金额是从项目 A 第二年投资和项目 B 第一年投资所回收的本息总和 $1.1x_{2A} + 1.25x_{1B}$,故有:

$$x_{3A} + x_{3B} + x_{3C} = 1.1x_{2A} + 1.25x_{1B}$$

第四年,同理分析可得:

$$x_{4A} + x_{4B} = 1.1x_{3A} + 1.25x_{2B}$$

第五年,同理分析可得:

$$x_{5A} = 1.1x_{4A} + 1.25x_{3B}$$

另外,对项目 B、C、D 的投资额的限制有:

$$x_{iB} \leqslant 30 (i = 1, 2, 3, 4)$$
$$x_{3C} \leqslant 80$$
$$x_{2D} \leqslant 100$$

③确定目标函数。

此问题要求在第五年末该部门所拥有的资金额达到最大,即目标函数最大化,则可以表示为:

$$\max z = 1.1x_{5A} + 1.25x_{4B} + 1.4x_{3C} + 1.55x_{2D}$$

可以得到如下数学模型:

$$\max z = 1.1x_{5A} + 1.25x_{4B} + 1.4x_{3C} + 1.55x_{2D}$$

$$\text{s.t.} \begin{cases} x_{1A} + x_{1B} = 200 \\ x_{2A} + x_{2B} + x_{2D} = 1.1x_{1A} \\ x_{3A} + x_{3B} + x_{3C} = 1.1x_{2A} + 1.25x_{1B} \\ x_{4A} + x_{4B} = 1.1x_{3A} + 1.25x_{2B} \\ x_{5A} = 1.1x_{4A} + 1.25x_{3B} \\ x_{iB} \leq 30 \, (i = 1,2,3,4) \\ x_{3C} \leq 80 \\ x_{2D} \leq 100 \\ x_{ij} \geq 0 \, (i = 1,2,3,4,5; j = A,B,C,D) \end{cases}$$

求得此问题的解:$x_{5A} = 33.5, x_{4B} = 30, x_{1A} = 170, x_{1B} = 30, x_{3A} = 0, x_{2A} = 57, x_{2D} = 100, x_{2B} = 30, x_{3B} = 20.2, x_{4A} = 7.5, x_{3C} = 80$。这时第五年末拥有资金的本利金额(即目标函数的最大值)为 341.35 万元。

第 4 章

单纯形法

在第 2 章里用图解法解决了只含有两个决策变量的线性规划问题,对决策变量多于两个的线性规划问题,图解法就显得无能为力了。本章主要介绍由美国数学家丹捷格(G. B. Dantzig)提出的,得到广泛应用的线性规划的代数算法——单纯形法。

4.1 单纯形法的基本思路和原理

线性规划的图解法告诉我们,如果某一线性规划问题有最优解,则最优解不可能在可行域内部产生,即一定产生于可行域的边界上。更进一步,如果存在最优解,则一定有可行域的某个顶点对应着这个最优解。由此,我们很容易理解,单纯形法的基本思路是:从可行域的某一个顶点开始,判断此顶点是否为最优解,如不是,则再找另一个使得其目标函数值更优的顶点(这称为迭代),再判断此顶点是否为最优解。直到找到一个顶点为其最优解,就是使得目标函数值最优的解,或者能判断出线性规划问题无最优解为止。

单纯形法的基本思路可以用图 4-1 表示。

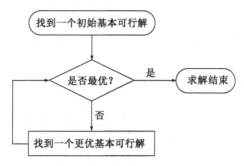

图 4-1 单纯形法的基本思路

在这里,可行域的顶点已不再像图解法中那样直接可见了。在单纯形法中,可行域的顶点叫作基本可行解,找到的第一个可行域的顶点叫作初始基本可行解。

下面我们通过第 2 章的例 2-1 的求解来介绍单纯形法是怎样一步一步进行的,以及为什么这样做。

4.1.1 找出一个初始基本可行解

在第 2 章的例 2-1 中我们得到以下数学模型:

$$\max z = 50x_1 + 100x_2$$

$$\text{s.t.} \begin{cases} x_1 + x_2 \leq 300 \\ 2x_1 + x_2 \leq 400 \\ x_2 \leq 250 \\ x_1, x_2 \geq 0 \end{cases}$$

加上松弛变量之后我们得到原线性规划的标准形式:

$$\max z = 50x_1 + 100x_2$$

$$\text{s.t.} \begin{cases} x_1 + x_2 + s_1 = 300 \\ 2x_1 + x_2 + s_2 = 400 \\ x_2 + s_3 = 250 \\ x_1, x_2, s_1, s_2, s_3 \geq 0 \end{cases}$$

以上约束条件中有三个约束方程:

$$x_1 + x_2 + s_1 = 300$$
$$2x_1 + x_2 + s_2 = 400$$
$$x_2 + s_3 = 250$$

这是由三个五元线性方程组成的方程组,它的系数矩阵为:

$$A = (p_1, p_2, p_3, p_4, p_5) = \begin{pmatrix} 1 & 1 & 1 & 0 & 0 \\ 2 & 1 & 0 & 1 & 0 \\ 0 & 1 & 0 & 0 & 1 \end{pmatrix}$$

其中 p_j 为系数矩阵 A 中第 j 列的向量。由于在 A 中存在一个不为零的三阶子式 $\begin{pmatrix} 1 & 0 & 0 \\ 0 & 1 & 0 \\ 0 & 0 & 1 \end{pmatrix}$,可知 A 的秩为 3。因为 A 的秩 m 小于此方程组的变量个数 n,由线性代数的知识可知此方程组有无数多组解。为了找到一个初始基本可行解,先介绍以下几个基本概念。

(1) 基。

已知 A 是约束条件的 $m \times n$ 系数矩阵,其秩为 m。若 B 是 A 中 $m \times m$ 阶非奇异子矩阵(即可逆矩阵,B 的行列式不等于 0),则称 B 是线性规划问题中的一个**基**。B 是由 A 中的 m 个线性无关的系数列向量组成的。在例 2-1 中,$\begin{pmatrix} 1 & 1 & 1 \\ 2 & 1 & 0 \\ 0 & 1 & 0 \end{pmatrix}$ 与 $\begin{pmatrix} 1 & 0 & 0 \\ 0 & 1 & 0 \\ 0 & 0 & 1 \end{pmatrix}$ 都是该线性规划的一个基。它们都是由三个线性无关的系数列向量组成的。

（2）基向量。

基 B 中的一列称为一个基向量。基 B 中共有 m 个基向量，在例 2-1 中对基 $B = \begin{pmatrix} 1 & 1 & 1 \\ 2 & 1 & 0 \\ 0 & 1 & 0 \end{pmatrix}$ 来说，$\begin{pmatrix} 1 \\ 2 \\ 0 \end{pmatrix}$，$\begin{pmatrix} 1 \\ 1 \\ 1 \end{pmatrix}$，$\begin{pmatrix} 1 \\ 0 \\ 0 \end{pmatrix}$ 都是 B 的基向量，B 中只有这三个基向量。

（3）非基向量。

在 A 中除了基 B 之外的任一列称为基 B 的非基向量。在例 2-1 中对 $B_1 = \begin{pmatrix} 1 & 1 & 1 \\ 2 & 1 & 0 \\ 0 & 1 & 0 \end{pmatrix}$ 和 $B_{10} = \begin{pmatrix} 1 & 0 & 0 \\ 0 & 1 & 0 \\ 0 & 0 & 1 \end{pmatrix}$ 来说，向量 $\begin{pmatrix} 1 \\ 2 \\ 0 \end{pmatrix}$ 是基 B_1 的基向量，也是基 B_{10} 的非基向量。

（4）基变量。

与基向量 p_i 相对应的变量 x_i 叫基变量，基变量有 m 个，在例 2-1 中 x_1, x_2, s_1 都是 B_1 的基变量，而 s_1, s_2, s_3 是 B_{10} 的基变量。

（5）非基变量。

与非基向量 p_j 相对应的变量 x_j 叫非基变量，非基变量有 $n-m$ 个，在例 2-1 中 s_2, s_3 都是 B_1 的非基变量，而 x_1, x_2 是 B_{10} 的非基变量。

由线性代数的知识可以知道，如果我们在约束方程组系数矩阵中找到一个基，令这个基的非基变量为 0，再求解这个 m 元线性方程组就可以得到唯一的解了，我们称这个解为线性规划的基本解，在例 2-1 中我们找到了 $B_8 = \begin{pmatrix} 1 & 1 & 0 \\ 1 & 0 & 0 \\ 1 & 0 & 1 \end{pmatrix}$ 为 A 的一个基，令这个基的非基变量 $x_1 = s_2 = 0$。这时约束方程就变为基变量的约束方程：

$$x_2 + s_1 = 300$$
$$x_2 = 400$$
$$x_2 + s_3 = 250$$

求解得到基变量的唯一一组解，即 $x_2 = 400, s_1 = -100, s_3 = -150$，再加上非基变量 $x_1 = 0, s_2 = 0$，就得到了此线性规划的一个基本解：$x_1 = 0, x_2 = 400, s_1 = -100, s_2 = 0, s_3 = -150$。

结合图解法，从图 4-2 可以看出，令非基变量 $x_1 = s_2 = 0$，就是求直线 $x_1 = 0$ 与直线 $2x_1 + x_2 = 400$ 的交点 $G(0, 400)$。由于 G 不是可行域的顶点，所以这个基本解不是可行解。基本解不可行，就称之为非基本可行解。

当然，在这个基本解中 $s_1 = -100, s_3 = -150$，不满足该线性规划 $s_1 \geq 0, s_3 \geq 0$ 的约束条件，显然不是此线性规划的可行解。一个基本解可以是可行解，也可以是非可行解，它们之间的主要区别在于其所有变量的值是否都满足非负的条件。我们把满足非负条件的一个基本解叫作基本可行解，并把这样的基叫作**可行基**。例如，在例 2-1 中我们选基为：

$$B_5 = \begin{pmatrix} 1 & 1 & 0 \\ 2 & 0 & 0 \\ 0 & 0 & 1 \end{pmatrix}$$

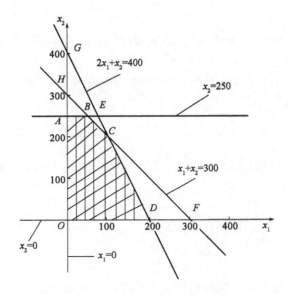

图 4-2 第 2 章例 2-1 基本解与约束条件直线交点的对应

令其非基变量 $x_2 = s_2 = 0$，这样约束方程就变为基变量的约束方程：

$$x_1 + s_1 = 300$$
$$2x_1 = 400$$
$$s_3 = 250$$

求解得到基变量的唯一解，$s_3 = 250, x_1 = 200, s_1 = 100$，再加上非基变量 $x_2 = 0, s_2 = 0$，得到一个基本解：$x_1 = 200, x_2 = 0, s_1 = 100, s_2 = 0, s_3 = 250$。

同样，对基本矩阵 $\boldsymbol{B}_5$，令其非基变量 $x_2 = s_2 = 0$，就是求直线 $x_2 = 0$ 与直线 $2x_1 + x_2 = 400$ 的交点 $D(200, 0)$。由于 D 是可行域的顶点，所以这个基本解是可行解，称之为基本可行解。

另外，由于所有变量的解都大于或等于 0，可知此基本解是基本可行解；$\boldsymbol{B}_5 = \begin{pmatrix} 1 & 1 & 0 \\ 2 & 0 & 0 \\ 0 & 0 & 1 \end{pmatrix}$ 就是可行基。一般来说，只有在求出基本解以后，当基本解所有变量的值都大于或等于 0 时，才能断定这个解是基本可行解，这个基是可行基。那么我们能否在求解之前就找到一个可行基呢？也就是说，我们找到的一个基能保证在求解之后得到的解一定是基本可行解吗？由于在线性规划的标准型中要求 $b_i \geq 0$，如果我们能找到一个基是单位矩阵，或者说一个基是由单位矩阵的各列向量组成（各列向量的前后顺序无关紧要），例如：

$$\begin{pmatrix} 0 & 0 & 1 \\ 1 & 0 & 0 \\ 0 & 1 & 0 \end{pmatrix}$$

显然所求得的基本解一定是基本可行解，这个单位矩阵或由单位矩阵各列向量组成的基一定是可行基。实际上这个基本可行解中的各个变量或等于某个 b_i 或等于 0。在例 2-1 中我们就找到了一个基：

第4章 单纯形法

$$B_{10} = \begin{pmatrix} 1 & 0 & 0 \\ 0 & 1 & 0 \\ 0 & 0 & 1 \end{pmatrix}$$

B_{10} 是单位矩阵。令 B_{10} 的非基变量 $x_1 = x_2 = 0$，约束方程组就变为：

$$s_1 = 300$$
$$s_2 = 400$$
$$s_3 = 250$$

加上非基变量 $x_1 = 0, x_2 = 0$，我们就得到了该线性规划的一个基本可行解：$x_1 = 0, x_2 = 0$，$s_1 = 300, s_2 = 400, s_3 = 250$。

类似地，由于 $x_1 = 0, x_2 = 0$，这个基本可行解对应的就是可行域的顶点 O，也就是坐标原点。

像这样在第一次找可行基时，所找到的或为单位矩阵，或为由单位矩阵的各列向量组成的基，称为初始可行基，其相应的基本可行解叫初始基本可行解。如果找不到单位矩阵或由单位矩阵的各列向量组成的基作为初始可行基，我们将构造初始可行基，具体做法在后文详细讲述。

根据上述讨论，我们可以得到以下结论：基本解与约束条件直线的交点一一对应，当这个交点恰好是可行域的顶点，这个基本解就是基本可行解，否则它就是非基本可行解。

例 2-1 的所有基本解及其与约束条件直线交点的对应关系如表 4-1 所示。

例 2-1 的所有基本解及其与约束条件直线交点的对应关系 表 4-1

矩阵 B	$\lvert B \rvert$	基变量	非基变量	基本解	是否为基本可行解	B 是否为可行基
$B_1 = (p_1, p_2, p_3)$	$\lvert B_1 \rvert = 2 \neq 0$	x_1, x_2, s_1	s_2, s_3	$E(75, 250, -25, 0, 0)$	非基本可行解	非可行基
$B_2 = (p_1, p_2, p_4)$	$\lvert B_2 \rvert = -1 \neq 0$	x_1, x_2, s_2	s_1, s_3	$B(50, 250, 0, 50, 0)$	基本可行解	可行基
$B_3 = (p_1, p_2, p_5)$	$\lvert B_3 \rvert = -1 \neq 0$	x_1, x_2, s_3	s_1, s_2	$C(100, 200, 0, 0, 50)$	基本可行解	可行基
$B_4 = (p_1, p_3, p_4)$	$\lvert B_4 \rvert = 0$					
$B_5 = (p_1, p_3, p_5)$	$\lvert B_5 \rvert = -2 \neq 0$	x_1, s_1, s_3	x_2, s_2	$D(200, 0, 100, 0, 250)$	基本可行解	可行基
$B_6 = (p_1, p_4, p_5)$	$\lvert B_6 \rvert = 1 \neq 0$	x_1, s_2, s_3	x_2, s_1	$F(300, 0, 0, -200, 250)$	非基本可行解	非可行基
$B_7 = (p_2, p_3, p_4)$	$\lvert B_7 \rvert = -1 \neq 0$	x_2, s_1, s_2	x_1, s_3	$A(0, 250, 50, 150, 0)$	基本可行解	可行基
$B_8 = (p_2, p_3, p_5)$	$\lvert B_8 \rvert = -1 \neq 0$	x_2, s_1, s_3	x_1, s_2	$G(0, 400, -100, 0, -150)$	非基本可行解	非可行基
$B_9 = (p_2, p_4, p_5)$	$\lvert B_9 \rvert = 1 \neq 0$	x_2, s_2, s_3	x_1, s_1	$H(0, 300, 0, 100, -50)$	非基本可行解	非可行基
$B_{10} = (p_3, p_4, p_5)$	$\lvert B_{10} \rvert = 1 \neq 0$	s_1, s_2, s_3	x_1, x_2	$O(0, 0, 300, 400, 250)$	基本可行解	可行基

4.1.2 最优性检验

所谓最优性检验，就是判断已求得的基本可行解是否是最优解。

1. 最优性检验的依据——检验数 σ_j

一般来说，目标函数中既包括基变量，又包括非基变量。现在我们要求只用非基变量来表示目标函数,这只要在约束等式中通过移项等处理就可以用非基变量来表示基变量,然后用非基变量的表示式代替目标函数中的基变量,这样目标函数中就只含有非基变量了,或者说目标函数中基变量的系数都为 0 了。此时目标函数中所有变量的系数即为各变量的检验数,把变量 x_j 的检验数记为 σ_j。显然所有基变量的检验数必为 0。在例 2-1 中目标函数为 $z = 50x_1 + 100x_2$。由于初始可行解中 x_1, x_2 为非基变量,所以此目标函数已经用非基变量表示了,不需要再代换出基变量了。这样我们可知 $\sigma_1 = 50, \sigma_2 = 100, \sigma_3 = 0, \sigma_4 = 0, \sigma_5 = 0$。

例如,由基本矩阵 $\boldsymbol{B}_3 = (\boldsymbol{p}_1, \boldsymbol{p}_2, \boldsymbol{p}_5)$ 决定的基本可行解是 $\boldsymbol{x}_3 = (100, 200, 0, 0, 50)^{\mathrm{T}}$。$x_1, x_2, s_3$ 是基变量,s_1, s_2 是非基变量,根据约束方程组:

$$x_1 + x_2 + s_1 = 300 \tag{4-1}$$

$$2x_1 + x_2 + s_2 = 400 \tag{4-2}$$

$$x_2 + s_3 = 250 \tag{4-3}$$

由式(4-2) – 式(4-1)得:

$$x_1 + s_2 - s_1 = 100$$

即:

$$x_1 = s_1 - s_2 + 100 \tag{4-4}$$

将式(4-4)代入式(4-2)得:

$$2(s_1 - s_2 + 100) + x_2 + s_2 = 400$$

所以:

$$x_2 = -2s_1 + s_2 + 200 \tag{4-5}$$

将式(4-4)和式(4-5)代入例 2-1 的目标函数 $z = 50x_1 + 100x_2$,得:

$$z = 50(s_1 - s_2 + 100) + 100(-2s_1 + s_2 + 200)$$

所以:

$$z = 25000 - 150s_1 + 50s_2 \tag{4-6}$$

式(4-6)就是仅用非基变量 s_1, s_2 表示的目标函数表达式。表达式中不含基变量 x_1, x_2, s_3,也可以理解为该表达式中基变量的系数等于 0。

根据非基变量检验数的定义,非基变量 s_1, s_2 的检验数分别是 $\sigma_3 = -150, \sigma_4 = 50$,同时,基变量 x_1, x_2, s_3 的检验数分别是 $\sigma_1 = 0, \sigma_2 = 0, \sigma_5 = 0$。

又如,由基本矩阵 $\boldsymbol{B}_2 = (\boldsymbol{p}_1, \boldsymbol{p}_2, \boldsymbol{p}_4)$ 决定的基本可行解是 $\boldsymbol{x}_2 = (50, 250, 0, 50, 0)^{\mathrm{T}}$。$x_1, x_2, s_2$ 是基变量,s_1, s_3 是非基变量,根据约束方程组:

$$x_1 + x_2 + s_1 = 300 \tag{4-7}$$

$$2x_1 + x_2 + s_2 = 400 \tag{4-8}$$

$$x_2 + s_3 = 250 \tag{4-9}$$

由式(4-9)得:

$$x_2 = 250 - s_3 \tag{4-10}$$

将式(4-10)代入式(4-7)得:

$$x_1 + 250 - s_3 + s_1 = 300$$

所以:

$$x_1 = -s_1 + s_3 + 50 \tag{4-11}$$

第4章 单纯形法

将式(4-10)和式(4-11)代入目标函数 $z = 50x_1 + 100x_2$，得：
$$z = 50(-s_1 + s_3 + 50) + 100(250 - s_3)$$
$$z = 27500 - 50s_1 - 50s_3$$

所以，对基本可行解 $x_2 = (50, 250, 0, 50, 0)^T$ 而言，非基变量 s_1, s_3 的检验数分别是 $\sigma_3 = -50, \sigma_5 = -50$，同时，基变量 x_1, x_2, s_2 的检验数分别是 $\sigma_1 = 0, \sigma_2 = 0, \sigma_4 = 0$。

再看由 $B_{10} = (p_3, p_4, p_5)$ 决定的初始基本可行解 $x_0 = (0, 0, 300, 400, 250)^T$，在例2-1中目标函数为 $z = 50x_1 + 100x_2$。由于初始可行解中 x_1, x_2 为非基变量，所以此目标函数已经用非基变量表示了，不需要再代换出基变量了。这样我们可知 $\sigma_1 = 50, \sigma_2 = 100, \sigma_3 = 0, \sigma_4 = 0, \sigma_5 = 0$。

2. 最优解判别定理

通过以上的讨论，我们可以看出，非基变量检验数的经济含义就是：给该非基变量1单位的取值所引起的目标函数的增量。

既然如此，对某个基本可行解，如果存在非基变量检验数大于0，就说明目标函数值还有增大的可能（只要将该非基变量取值从等于0变为大于0），也就说明这个基本可行解还没有达到最优解。

对某个基本可行解，如果所有非基变量检验数都小于0，就说明目标函数值只有减小的可能（让任一检验数小于0的非基变量取值大于0），而没有增大的可能，也就是目标函数已经取得最大值了，即这个基本可行解就是最优解。

综上所述，我们得到线性规划最优解的判别定理是：在求最大目标函数的问题中，对于某个基本可行解，如果所有非基变量的检验数 $\sigma_j \leq 0$，则这个基本可行解是最优解。

特别说明，因为对任一基本可行解，每个基变量的检验数都是等于0，所以"所有非基变量检验数≤0"等价于"所有（变量的）检验数≤0"。

下面我们用通俗的说法来解释最优解判别定理。设用非基变量表示的目标函数为如下形式：
$$z = z_0 + \sum_{j \in J} \sigma_j x_j$$

其中，z_0 为常数项；J 为所有非基变量的下标集。由于所有的 x_j 的取值范围为大于或等于0，当所有的 $\sigma_j \leq 0$ 时，可知 $\sum_{j \in J} \sigma_j x_j$ 是一个小于或等于0的数，要使 $z = z_0 + \sum_{j \in J} \sigma_j x_j$ 的值最大，显然只有 $\sum_{j \in J} \sigma_j x_j = 0$。我们把这些 x_j 取为非基变量（即令这些 x_j 的值为0），所求得的基本可行解就使目标函数值最大为 z_0。在例2-1中，对 $x_0 = (0, 0, 300, 400, 250)^T$，由于 $\sigma_1 = 50, \sigma_2 = 100$，都大于0，显然这个基本可行解不是最优解，实际上让 x_1, x_2 为非基变量（即令其值为0）是最失策的，x_1, x_2 在大于或等于0的范围内，x_1, x_2 不管取什么值也比取0要好，就能使得目标函数 z 的值比0更大。所以我们要找更好的基本可行解。

对于求目标函数最小值的情况，只需把上述定理中的 $\sigma_j \leq 0$ 改为 $\sigma_j \geq 0$ 即可。

根据表4-1，我们知道例2-1有5个基本可行解，每个基本可行解都可以求出变量的检验数，如表4-2所示。

例 2-1 的基本可行解及其检验数　　　　　　　　　表 4-2

可行基	基本可行解	目标函数值	基变量	非基变量	仅含非基变量的目标函数表达式	检验数	是否为最优解
$B_2 =$ (p_1,p_2,p_4)	$B(50,250,0,50,0)$	27500	x_1,x_2,s_2	s_1,s_3	$z = 27500 - 50s_1 - 50s_3$	$\sigma_1=0, \sigma_2=0, \sigma_3=-50,$ $\sigma_4=0, \sigma_5=-50$	是
$B_3 =$ (p_1,p_2,p_5)	$C(100,200,0,0,50)$	25000	x_1,x_2,s_3	s_1,s_2	$z = 25000 - 150s_1 + 50s_2$	$\sigma_1=0, \sigma_2=0, \sigma_3=-150,$ $\sigma_4=50, \sigma_5=0$	否
$B_5 =$ (p_1,p_3,p_5)	$D(200,0,100,0,250)$	10000	x_1,s_1,s_3	x_2,s_2	$z = 10000 + 75x_2 - 25s_2$	$\sigma_1=0, \sigma_2=75, \sigma_3=0,$ $\sigma_4=-25, \sigma_5=0$	否
$B_7 =$ (p_2,p_3,p_4)	$A(0,250,50,150,0)$	25000	x_2,s_1,s_2	x_1,s_3	$z = 25000 + 50x_1 - 100s_3$	$\sigma_1=50, \sigma_2=0, \sigma_3=0,$ $\sigma_4=0, \sigma_5=-100$	否
$B_{10} =$ (p_3,p_4,p_5)	$O(0,0,300,400,250)$	0	s_1,s_2,s_3	x_1,x_2	$z = 50x_1 + 100x_2$	$\sigma_1=50, \sigma_2=100, \sigma_3=0,$ $\sigma_4=0, \sigma_5=0$	否

对某个基本可行解检验的结果是:①所有检验数都小于或等于0,达到最优解,求解结束;②有任一非基变量检验数大于0,就没有达到最优解,就要设法找到新的更优的基本可行解,即进行基变换。

事实上,线性规划还存在无最优解的情况,判断无最优解的方法我们将在后面用具体实例予以阐述。

4.1.3　基变换

通过检验,我们知道在例 2-1 中,可行基 B_{10} 决定的初始基本可行解不是最优解。下面介绍如何进行基变换找到一个新的可行基,从而找到新的更优的基本可行解。具体的做法是从可行基中换一个列向量,得到一个新的可行基,求解得到新的基本可行解,使得其目标函数值更优。为了换基就要确定入基变量与出基变量。

1. 入基变量的确定

从最优解判别定理知道,当某个 $\sigma_j > 0$ 时,非基变量 x_j 变为基变量不取零值可以使目标函数值增大,故我们要选检验数大于0的非基变量换到基变量中去(称这个非基变量为入基变量)。若有两个以上的 $\sigma_j > 0$,则为了使目标函数增加得更大些,一般选其中的 σ_j 最大的非基变量为入基变量。在例 2-1 中 $\sigma_2 = 100$ 是检验数中最大的正数,故选 x_2 为入基变量。

2. 出基变量的确定

在确定了 x_2 为入基变量之后,我们要在原来的 3 个基变量 s_1, s_2, s_3 中确定一个出基变量,也就是确定某一个基变量变成非基变量。如果我们确定 s_1 为出基变量,则新的基变量为 x_2, s_2, s_3,因为非基变量 $x_1 = s_1 = 0$,则从方程组:

$$x_2 = 300$$
$$x_2 + s_2 = 400$$

第4章 单纯形法

$$x_2 + s_3 = 250$$

求得基本解：$x_1 = 0, x_2 = 300, s_1 = 0, s_2 = 100, s_3 = -50$。

显然这不是基本可行解，所以 s_1 不能作为出基变量。

如果把 s_3 作为出基变量，则新的基变量为 x_2, s_1, s_2，因为非基变量 $x_1 = s_3 = 0$，我们也可以从方程组：

$$x_2 + s_1 = 300$$
$$x_2 + s_2 = 400$$
$$x_2 = 250$$

求出基本解：$x_1 = 0, x_2 = 250, s_1 = 50, s_2 = 150, s_3 = 0$。

因为此解满足非负条件，是基本可行解，故可以确定 s_3 为出基变量。

能否在求出基本解以前确定出基变量呢？

以下就来看找出了初始基本可行解和确定了入基变量之后，怎样的基变量可以确定为出基变量，或者说出基变量要具备什么条件。

我们把确定出基变量的方法概括如下：把已确定的入基变量在各约束方程中的正的系数去除其所在约束方程中的常数项的值，把其中最小比值所在的约束方程中的原基变量确定为出基变量。这样在下一步迭代的矩阵变换中可以确保新得到的所有 $b_i \geq 0$。

关于这种方法的理论证明，读者可以查阅其他有关书籍。

在例 2-1 中约束方程为：

$$x_1 + x_2 + s_1 = 300$$
$$2x_1 + x_2 + s_2 = 400$$
$$x_2 + s_3 = 250$$

在前文中已经知道 x_2 为入基变量，我们把各约束方程中 x_2 的为正的系数除对应的常量，得：

$$\frac{b_1}{a_{12}} = \frac{300}{1} = 300$$

$$\frac{b_2}{a_{22}} = \frac{400}{1} = 400$$

$$\frac{b_3}{a_{32}} = \frac{250}{1} = 250$$

其中 b_3/a_{32} 的值最小，所以可以知道在原基变量中系数向量为 $\boldsymbol{e}_3 = (0,0,1)^T$ 的基变量 s_3 为出基变量，这样可知 x_2, s_1, s_2 为基变量，x_1, s_3 为非基变量。令非基变量 $x_1 = s_3 = 0$，得：

$$x_2 + s_1 = 300$$
$$x_2 + s_2 = 400$$
$$x_2 = 250$$

求解得到新的基本可行解：$x_1 = 0, x_2 = 250, s_1 = 50, s_2 = 150, s_3 = 0$。

这时目标函数值为 $50x_1 + 100x_2 = 50 \times 0 + 100 \times 250 = 25000$，显然比初始基本可行解 $x_1 = 0, x_2 = 0, s_1 = 300, s_2 = 400, s_3 = 250$ 的目标函数值 $50 \times 0 + 100 \times 0 = 0$ 要好得多。下面我们再检验其最优性，若不是最优解还要继续进行基变换，直至找到最优解，或者能够判断出线性规

划无最优解为止。

为了使单纯形法更加简洁明了,我们常借助单纯形法的表格形式。

4.2 单纯形法的表格形式

在讲单纯形法的表格形式之前,先从一般数学模型里推导出检验数 σ_j 的表达式。

可行基为 m 阶单位矩阵的线性规划模型如下(假设其系数矩阵的前 m 列是单位矩阵):

$$\max z = c_1 x_1 + c_2 x_2 + \cdots + c_n x_n$$

$$\text{s.t.} \begin{cases} x_1 + a_{1,m+1} x_{m+1} + \cdots + a_{1,n} x_n = b_1 \\ x_2 + a_{2,m+1} x_{m+1} + \cdots + a_{2,n} x_n = b_2 \\ \cdots \\ x_m + a_{m,m+1} x_{m+1} + \cdots + a_{m,n} x_n = b_m \\ x_j \geq 0 (j = 1, 2, \cdots, n) \end{cases}$$

以下用 $x_i(i=1,2,\cdots,m)$ 表示基变量,用 $x_j(j=m+1,m+2,\cdots,n)$ 表示非基变量。
把第 i 个约束方程移项,就可以用非基变量来表示基变量 x_i:

$$x_i = b_i - a_{i,m+1} x_{m+1} - a_{i,m+2} x_{m+2} - \cdots - a_{i,n} x_n = b_i - \sum_{j=m+1}^{n} a_{ij} x_j (i=1,2,\cdots,m)$$

把以上的表达式代入目标函数,有:

$$\begin{aligned} z &= c_1 x_1 + c_2 x_2 + \cdots + c_n x_n = \sum_{i=1}^{m} c_i x_i + \sum_{j=m+1}^{n} c_j x_j \\ &= \sum_{i=1}^{m} c_i \left(b_i - \sum_{j=m+1}^{n} a_{ij} x_j \right) + \sum_{j=m+1}^{n} c_j x_j \\ &= \sum_{i=1}^{m} c_i b_i - \sum_{i=1}^{m} c_i \sum_{j=m+1}^{n} a_{ij} x_j + \sum_{j=m+1}^{n} c_j x_j \\ &= \sum_{i=1}^{m} c_i b_i - \sum_{j=m+1}^{n} \sum_{i=1}^{m} c_i a_{ij} x_j + \sum_{j=m+1}^{n} c_j x_j \\ &= \sum_{i=1}^{m} c_i b_i + \sum_{j=m+1}^{n} \left(c_j - \sum_{i=1}^{m} c_i a_{ij} \right) x_j \\ &= z_0 + \sum_{j=m+1}^{n} (c_j - z_j) x_j = z_0 + \sum_{j=m+1}^{n} \sigma_j x_j \end{aligned}$$

其中:

$$z_0 = \sum_{i=1}^{m} c_i b_i, \sigma_j = c_j - z_j$$

$$z_j = \sum_{i=1}^{m} c_i a_{ij} = c_1 a_{1j} + c_2 a_{2j} + \cdots + c_m a_{mj} = (c_1, c_2, \cdots, c_m) \begin{pmatrix} a_{1j} \\ a_{2j} \\ \vdots \\ a_{mj} \end{pmatrix} = (c_1, c_2, \cdots, c_m) \boldsymbol{p}_j$$

假设 $x_1, x_2, \cdots, x_m$ 是基变量,即第 i 行约束方程的基变量正好是 x_i,而经过若干次迭代后,基发生了若干次变化,一般不会是上述假设情况了,因此上述计算 z_j 的式子也应改变。如果迭

第4章 单纯形法

代后的第 i 行约束方程中的基变量为 x_{Bi}(不一定是 x_i),与 x_{Bi} 相对应的目标函数系数为 c_{Bi},而迭代后的系数列向量为 $\boldsymbol{p}'_j(j=1,2,\cdots,n)$,则:

$$z_j = (c_{B1},\cdots,c_{Bm}) = (\boldsymbol{c}_B)\boldsymbol{p}'_j$$

其中,$(\boldsymbol{c}_B)$ 是由第 1 列第 m 行各约束方程中的基变量在目标函数中相应的系数依次组成的有序行向量。

单纯形法的表格形式是把用单纯形法求出基本可行解、检验其最优性、迭代等步骤都用表格的方式来展现,其表格的形式有些像增广矩阵,而其计算的方法也大体上使用矩阵的行初等变换。

以下用单纯形表法来解第 2 章的例 2-1。

$$\max z = 50x_1 + 100x_2 + 0s_1 + 0s_2 + 0s_3$$

$$\text{s.t.} \begin{cases} x_1 + x_2 + s_1 = 300 \\ 2x_1 + x_2 + s_2 = 400 \\ x_2 + s_3 = 250 \\ x_1,x_2,s_1,s_2,s_3 \geq 0 \end{cases}$$

把上面的数据填入表 4-3 所示的单纯形表。

单纯形表   表 4-3

迭代次数	基变量	c_B	x_1	x_2	s_1	s_2	s_3	b	比值 b_i/a_{ij}
			50	100	0	0	0		
0	s_1	0	1	1	1	0	0	300	300/1
	s_2	0	2	1	0	1	0	400	400/1
	s_3	0	0	①	0	0	1	250	250/1
	z_j		0	0	0	0	0	$z=0$	
	$\sigma_j = c_j - z_j$		50	100	0	0	0		

表 4-3 的第一列是迭代次数栏,由于这是求初始基本可行解,还没有进行迭代,所以此栏填 0。此表的第一行依次填上此标准形的所有变量,第二行填上这些变量在目标函数中的系数;在下一栏中填上约束方程的系数矩阵,在 b 栏中填上对应的约束方程常数项,上述两栏合并在一起就是约束方程的增广矩阵。在基变量这一栏中填入每个约束方程中的基变量,如在例 2-1 的约束方程的系数矩阵中包含了一个 3×3 单位矩阵,我们即确定了此单位矩阵为基,相应的变量 s_1,s_2,s_3 为基变量,由于第一个约束方程中只含有基变量 s_1,第二个约束方程中只含有基变量 s_2,第三个约束方程中只含有基变量 s_3,所以在此栏中相应填上 s_1,s_2,s_3。在 s_1,s_2,s_3 的右边 c_B 列中填入这些基变量在目标函数中相应的系数。在 z_j 行中填入各列的 $\sum_{i=1}^{m}c_ia_{ij}$ 的值,也就是把系数矩阵的第 j 列与 c_B 列中对应元素相乘相加所得的值,如 $z_2 = 0\times 1 + 0\times 1 + 0\times 1 = 0$,所在 z_j 行中的第 2 位数填入 0。在 $\sigma_j = c_j - z_j$ 行中填入变量 x_j 在目标函数中系数 c_j 减去所求出的 z_j 所得的值,而 x_j 在目标函数中的系数 c_j 正好写在系数矩阵中的第 j 个向量 $\boldsymbol{p}_j$ 的上端,这样很容易求得 $\sigma_1 = 50 - 0 = 50, \sigma_2 = 100 - 0 = 100, \sigma_3 = 0 - 0 = 0, \sigma_4 = 0 - 0 = 0, \sigma_5 = 0 - 0 = 0$。再在 b 栏之下填上 z 的值,z 表示把初始基本可行解代入目标函数所得的目标函数值。

z 的值就等于约束方程的常数项 b_i 乘此约束方程的基变量在目标函数中的系数所得乘积之和,在这里 $z = 300 \times 0 + 400 \times 0 + 250 \times 0 = 0$,故填上 $z = 0$。填完了此表,我们从基变量这一栏和 b 栏直接可读得初始基本可行解,$x_1 = 0, x_2 = 0, s_1 = 300, s_2 = 400, s_3 = 250$(因 x_1, x_2 是非基变量,非基变量取 0),其目标函数值 $z = 0$。同时从 $\sigma_j = c_j - z_j$ 一栏中可知 $\sigma_1 = 50, \sigma_2 = 100, \sigma_3 = \sigma_4 = \sigma_5 = 0$。可知这个基本可行解不是最优解,又因为 $\sigma_2 > \sigma_1 > 0$,故知道在下一步迭代时,应选 x_2 为入基变量。在确定了 x_2 为入基变量之后,把 b 列系数向量的每个元素比上对应的 x_2 的正系数作为比值填入,在比值栏填入 $300/1$、$400/1$、$250/1$。由于 $250/1 = 250$ 最小,故确定 s_3 为出基变量。我们把入基变量所在列和出基变量所在行的交点处的元素称为主元,从表 4-3 中可知 $a_{32} = 1$ 是主元,我们在主元上画个圈作为标志。

以下进行第一次迭代,基变量为 x_2, s_1, s_2,通过矩阵的行初等变换,求出一个新的基本可行解,具体的做法是用行的初等变换使得 x_2 的系数向量 $\boldsymbol{p}_2$ 变换成单位向量,由于主元在 $\boldsymbol{p}_2$ 的第 3 分量上,所以这个单位向量是 $\boldsymbol{e}_3 = (0, 0, 1)^T$,也就是主元要变成 1。这样我们就得到第一次迭代的单纯形表,如表 4-4 所示。

第一次迭代单纯形表　　表 4-4

迭代次数	基变量	c_B	x_1	x_2	s_1	s_2	s_3	b	比值 b_i/a_{ij}
			50	100	0	0	0		
1	s_1	0	①	0	1	0	-1	50	$50/1 = 50$
	s_2	0	2	0	0	1	-1	150	$150/2 = 75$
	x_2	100	0	1	0	0	1	250	—
	z_j		0	100	0	0	100	$z = 25000$	
	$\sigma_j = c_j - z_j$		50	0	0	0	-100		

在表 4-4 中,第三行的基变量 s_3 已被 x_2 替代,故基变量列中的第三个基变量应变为 x_2,注意 x_2 在目标函数的系数 $c_2 = 100$,不要填错。由于第 0 次迭代表中的主元 $a_{32} = 1$,所以增广矩阵的第三行就不变,为了使第一行的 a_{12} 变为 0,只需把第三行乘(-1)加到第一行即可,同样可求得第二行。像在 0 次迭代中那样可求得 z_j, z, σ_j,填入表内。从表上看到第一次迭代得到的基本可行解为 $x_1 = 0, x_2 = 250, s_1 = 50, s_2 = 150, s_3 = 0$,这时 $z = 25000$,又从 $\sigma_1 = 50 > 0$ 可知这个基本可行解也不是最优解。从 σ_j 我们知道 σ_1 为最大的正数,可知 x_1 为入基变量,从比值可知 $b_1/a_{11} = 50$ 为 b_i/a_{ij} 中最小的正数,可知 s_1 为出基变量,a_{11} 为主元,这样我们可以进行第二次迭代,如表 4-5 所示。

第二次迭代单纯形表　　表 4-5

迭代次数	基变量	c_B	x_1	x_2	s_1	s_2	s_3	b	比值 b_i/a_{ij}
			50	100	0	0	0		
2	x_1	50	1	0	1	0	-1	50	
	s_2	0	0	0	-2	1	1	50	
	x_2	100	0	1	0	0	1	250	
	z_j		50	100	50	0	50	$z = 27500$	
	$\sigma_j = c_j - z_j$		0	0	-50	0	-50		

从表 4-5 中可知第二次迭代得到的基本可行解为 $x_1=50, x_2=250, s_1=0, s_2=50, s_3=0$，这时 $z=27500$。由于检验数 σ_j 都小于或等于 0，此基本可行解为最优解，$z=27500$ 为最优目标函数值。这样我们就用单纯形表法把这个线性规划的问题解决了。实际上，我们可以连续地使用单纯形表，而不必每次迭代重画一个表头。

当某个基本可行解没有达到最优解，求下一个更优的基本可行解的步骤是：

第一步，确定入基变量。应该选择检验数最大的非基变量为入基变量；有两个（及以上）非基变量的检验数都大于 0 且相等，则任选其一作为入基变量。

第二步，确定出基变量，标注主元。将入基变量系数列向量大于 0 的分量分别做分母，相应等式右边常数项分别做分子，比值最小的行（方程）对应的基变量就是出基变量。约束矩阵中入基变量所在列、出基变量所在行相交叉位置的元素即主元，给主元做标记。

第三步，用矩阵行初等变换求新的基本可行解。

(1) 主元变为单位 1，即主元所在行的每个元素（方程两边）同乘主元的倒数。

(2) 利用主元，将主元同列其他元素都变成 0。

第三步变化的实质是，在原基变量的系数列向量仍是原单位列向量的前提下，将入基变量的系数列向量变成出基变量的系数列向量（单位列向量）。

每次填写新的迭代单纯形表的方法是：

第一步，填写新的基变量组合，以及其在目标函数中的系数。

第二步，将主元变成单位 1，填写主元所在行（方程）。

第三步，利用主元将主元同列其他元素变成 0，填写相应行。

第四步，读出新的基本可行解，计算并填写 z 值。

第五步，重新计算 z_j, σ_j。

4.3 求目标函数值最小的线性规划问题的单纯形表解法

下面我们以第 2 章例 2-2 为例来阐述如何用单纯形表的方法来求解要求目标函数值最小的线性规划问题。我们已知第 2 章例 2-2 的数学模型如下：

$$\min f = 2x_1 + 3x_2$$

$$\text{s.t.} \begin{cases} x_1 + x_2 \geq 350 \\ x_1 \geq 125 \\ 2x_1 + x_2 \leq 600 \\ x_1, x_2 \geq 0 \end{cases}$$

为了化为标准型，在约束条件中添加了松弛变量和剩余变量得到新的约束条件如下：

$$\text{s.t.} \begin{cases} x_1 + x_2 - s_1 = 350 \\ x_1 - s_2 = 125 \\ 2x_1 + x_2 + s_3 = 600 \\ x_1, x_2, s_1, s_2, s_3 \geq 0 \end{cases}$$

在标准型中并不一定要求求最大值或最小值,但是为了使单纯形表解法有一个统一的解法,我们把所有求目标函数最小值的问题化成求目标函数最大值的问题(有些书把所有求目标函数最大值的问题化成求目标函数最小值的问题)。只要把目标函数乘(-1),就把原来求目标函数最小值的问题化成了求目标函数最大值的问题。例 2-2 的目标函数就化为:

$$\max(-f) = -2x_1 - 3x_2$$

为了统一符号,不妨设 $z = -f$,这样目标函数就写成:

$$\max z = -2x_1 - 3x_2$$

用单纯形法求解线性规划问题的第一步就是要找到一个初始基本可行解,在标准形式的约束方程的系数矩阵里,我们找不到 3 阶单位矩阵或 3 个不同的 3 阶单位向量 e_1, e_2, e_3。注意负的单位向量与单位向量是不同的,用负的单位向量作基向量求得的基本解一般不满足非负条件,不是可行解。在系数矩阵里只有 s_3 的系数是单位向量 e_3,而缺乏 e_1, e_2,也就是说,在第一、第二个约束方程中没有初始基变量,这样我们就分别在第一、第二个约束方程中加上人工变量 a_1, a_2,这样约束条件就变成了如下的形式:

$$\text{s.t.} \begin{cases} x_1 + x_2 - s_1 + a_1 = 350 \\ x_1 - s_2 + a_2 = 125 \\ 2x_1 + x_2 + s_3 = 600 \\ x_1, x_2, s_1, s_2, s_3, a_1, a_2 \geq 0 \end{cases}$$

这样我们在约束方程的系数矩阵中就可以找到单位向量 e_3, e_1, e_2 了。这时可知基变量为 s_3, a_1, a_2,初始基本可行解为 $x_1 = 0, x_2 = 0, s_1 = 0, s_2 = 0, s_3 = 600, a_1 = 350, a_2 = 125$。

要注意到人工变量与松弛变量、剩余变量是不同的。松弛变量、剩余变量可以取零值,也可以取正值;而人工变量只能取零值。一旦人工变量取正值,那么有人工变量的约束方程和原始的约束方程就不等价了,这样所求得的解就不是原线性规划问题的解了。为了竭尽全力地要求人工变量为零,我们规定人工变量在目标函数中的系数为 $-M$,这里 M 为任意大的数。这样只要人工变量大于 0,所求的目标函数最大值就是一个任意小的数。这样为了使目标函数实现最大就必须把人工变量从基变量中换出。如果一直到最后人工变量仍不能从基变量中换出,也就是说,人工变量仍不为 0,则该问题无可行解。这样例 2-2 的目标函数就写为:

$$\max z = -2x_1 - 3x_2 - Ma_1 - Ma_2$$

例 2-2 的数学模型如下:

$$\max z = -2x_1 - 3x_2 - Ma_1 - Ma_2$$

$$\text{s.t.} \begin{cases} x_1 + x_2 - s_1 + a_1 = 350 \\ x_1 - s_2 + a_2 = 125 \\ 2x_1 + x_2 + s_3 = 600 \\ x_1, x_2, s_1, s_2, s_3, a_1, a_2 \geq 0 \end{cases}$$

像这样,为了构造初始可行基得到初始可行解,把人工变量"强行"加到原来的约束方程中去,又为了尽力地把人工变量从基变量中替换出来,就令人工变量在求最大值的目标函数里的系数为 $-M$,这个方法叫作大 M 法,M 叫作罚因子。下面我们就用大 M 法来求解例 2-2,如表 4-6 所示。

第4章 单纯形法

用大 M 法求解例 2-2　　　　　表 4-6

迭代次数	基变量	c_B	x_1	x_2	s_1	s_2	s_3	a_1	a_2	b	比值 b_i/a_{ij}
			-2	-3	0	0	0	-M	-M		
0	a_1	-M	1	1	-1	0	0	1	0	350	350/1
	a_2	-M	①	0	0	-1	0	0	1	125	125/1
	s_3	0	2	1	0	0	1	0	0	600	600/2
	z_j		-2M	-M	M	M	0	-M	-M	\multicolumn{2}{l	}{$z=-475M$}
	$\sigma_j=c_j-z_j$		-2+2M	-3+M	-M	-M	0	0	0		
1	a_1	-M	0	1	-1	1	0	1	-1	225	225/1
	x_1	-2	1	0	0	-1	0	0	1	125	—
	s_3	0	0	1	0	②	1	0	-2	350	350/2
	z_j		-2	-M	M	-M+2	0	-M	M-2	\multicolumn{2}{l	}{$z=-225M-250$}
	$\sigma_j=c_j-z_j$		0	-3+M	-M	M-2	0	0	2-2M		
2	a_1	-M	0	⓪.5	-1	0	-0.5	1	0	50	50/0.5
	x_1	-2	1	0.5	0	0	0.5	0	0	300	300/0.5
	s_2	0	0	0.5	0	1	0.5	0	-1	175	175/0.5
	z_j		-2	-0.5M-1	M	0	0.5M-1	-M	0	\multicolumn{2}{l	}{$z=-50M-600$}
	$\sigma_j=c_j-z_j$		0	0.5M-2	-M	0	-0.5M+1	0	-M		
3	x_2	-3	0	1	-2	0	-1	2	0	100	
	x_1	-2	1	0	1	0	1	-1	0	250	
	s_2	0	0	0	1	1	1	-1	-1	125	
	z_j		-2	-3	4	0	1	-4	0	\multicolumn{2}{l	}{$z=-800$}
	$\sigma_j=c_j-z_j$		0	0	-4	0	-1	-M+4	-M		

注意：在第二次迭代的检验数中 x_2 的检验数为 $0.5M-2$，s_3 的检验数为 $-0.5M+1$，由于 M 为任意大的数，这时最好选决策变量而不是选松弛变量、剩余变量或人工变量为入基变量，这样就可能用较少次的迭代找到最优解，从表 4-6 可知其基本可行解 $x_1=250, x_2=100, s_1=0,$ $s_2=125, s_3=0, a_1=0, a_2=0$ 是例 2-2 的最优解，其最优值为 $f=-z=-(-800)=800$。此时，第三次迭代的所有的检验数都小于或等于 0。

4.4 几种特殊情况

4.4.1 无可行解

例 4-1　用单纯形表求解下列线性规划问题。
$$\max z = 20x_1 + 30x_2$$

$$\text{s.t.} \begin{cases} 3x_1 + 10x_2 \leq 150 \\ x_1 \leq 30 \\ x_1 + x_2 \geq 40 \\ x_1, x_2 \geq 0 \end{cases}$$

解 在上述问题的约束条件中加入松弛变量、剩余变量、人工变量,得到:

$$\max z = 20x_1 + 30x_2 - Ma_1$$

$$\text{s.t.} \begin{cases} 3x_1 + 10x_2 + s_1 = 150 \\ x_1 + s_2 = 30 \\ x_1 + x_2 - s_3 + a_1 = 40 \\ x_1, x_2, s_1, s_2, s_3, a_1 \geq 0 \end{cases}$$

填入单纯形表计算,如表 4-7 所示。

例 4-1 单纯形表　　　　　　　　　　　　　　　　表 4-7

迭代次数	基变量	c_B	x_1	x_2	s_1	s_2	s_3	a_1	b	比值 b_i/a_{ij}
			20	30	0	0	0	$-M$		
0	s_1	0	3	⑩	1	0	0	0	150	150/10
	s_2	0	1	0	0	1	0	0	30	—
	a_1	$-M$	1	1	0	0	-1	1	40	40/1
	z_j		$-M$	$-M$	0	0	M	$-M$	\multicolumn{2}{c}{$z = -40M$}
	$\sigma_j = c_j - z_j$		$20+M$	$30+M$	0	0	$-M$	0		
1	x_2	30	0.3	1	0.1	0	0	0	15	15/0.3
	s_2	0	①	0	0	1	0	0	30	30/1
	a_1	$-M$	0.7	0	-0.1	0	-1	1	25	25/0.7
	z_j		$9-0.7M$	30	$3+0.1M$	0	M	$-M$	\multicolumn{2}{c}{$z = 450 - 25M$}
	$\sigma_j = c_j - z_j$		$11+0.7M$	0	$-3-0.1M$	0	$-M$	0		
2	x_2	30	0	1	0.1	-0.3	0	0	6	
	x_1	20	1	0	0	1	0	0	30	
	a_1	$-M$	0	0	-0.1	-0.7	-1	1	4	
	z_j		20	30	$3+0.1M$	$11+0.7M$	M	$-M$	\multicolumn{2}{c}{$z = 780 - 4M$}
	$\sigma_j = c_j - z_j$		0	0	$-3-0.1M$	$-11-0.7M$	$-M$	0		

从第二次迭代的检验数来看 σ_j 都小于或等于 0,可知第二次迭代所得的基本可行解已经是最优解了。其最优解为:$x_1 = 30, x_2 = 6, s_1 = 0, s_2 = 0, s_3 = 0, a_1 = 4 \neq 0$,其最大的目标函数为 $\max z = 780 - 4M$。但我们把最优解 $s_3 = 0, a_1 = 4$ 代入第三个约束方程得 $x_1 + x_2 - 0 + 4 = 40$,即有:

$$x_1 + x_2 = 36 \leq 40$$

上式并不满足原来的约束条件 3,可知原线性规划问题无可行解,或者说其可行域为空集,当然更不可能有最优解了。

像这样只要求出线性规划问题的最优解里有人工变量大于 0,则此线性规划问题无可行解。

4.4.2 无界解

在求目标函数最大值的问题中,所谓无界解,是指在约束条件下目标函数值可以取得任意大的值。下面我们用单纯形表来求解第 2 章中的例子。

例 4-2 用单纯形表求解下列线性规划问题。

$$\max z = x_1 + x_2$$
$$\text{s. t.} \begin{cases} x_1 - x_2 \leqslant 1 \\ -3x_1 + 2x_2 \leqslant 6 \\ x_1, x_2 \geqslant 0 \end{cases}$$

解 在上述问题的约束条件中加入松弛变量 s_1, s_2,得到标准形式:

$$\max z = x_1 + x_2$$
$$\text{s. t.} \begin{cases} x_1 - x_2 + s_1 = 1 \\ -3x_1 + 2x_2 + s_2 = 6 \\ x_1, x_2 \geqslant 0 \end{cases}$$

填入单纯形表计算,如表 4-8 所示。

表 4-8 例 4-2 单纯形表

迭代次数	基变量	c_B	x_1	x_2	s_1	s_2	b	比值 b_i/a_{ij}
			1	1	0	0		
0	s_1	0	①	-1	1	0	1	1/1
	s_2	0	-3	2	0	1	6	—
	z_j		0	0	0	0	$z=0$	
	$\sigma_j = c_j - z_j$		1	1	0	0		
1	x_1	1	1	-1	1	0	1	
	s_2	0	0	-1	3	1	9	
	z_j		1	-1	1	0	$z=1$	
	$\sigma_j = c_j - z_j$		0	2	-1	0		

从第一次迭代的检验数 $\sigma_2 = 2$ 可知所得的基本可行解 $x_1 = 1, x_2 = 0, s_1 = 0, s_2 = 9$ 不是最优解。同时我们也知道如果进行第二次迭代,那么就选 x_2 为入基变量,但是在选择出基变量时遇到了问题:$a_{12} = -1, a_{22} = -1$,找不到大于 0 的 a_{i2} 来确定出基变量。事实上如果我们碰到这种情况,就可以断定这个线性规划问题的解是无界的,也就是说,在此线性规划的约束条件下,此目标函数值可以取到无限大。从 1 次迭代的单纯形表中,得到约束方程(这是原约束方程经过 1 次选择行变换得到的):

$$x_1 - x_2 + s_1 = 1$$

$$-x_2 + 3s_1 + s_2 = 9$$

移项可得：

$$x_1 = 1 + x_2 - s_1$$
$$s_2 = x_2 - 3s_1 + 9$$

不妨设 $x_2 = M, s_1 = 0$，可得一组解：$x_1 = M+1, x_2 = M, s_1 = 0, s_2 = M+9$。

显然这是此线性规划问题的可行解，此时目标函数为：

$$z = x_1 + x_2 = M + 1 + M = 2M + 1$$

由于 M 可以是任意大的正数，可知此目标函数值无界。

上述的例子告诉我们在单纯形表中识别线性规划问题的解是否无界的方法：在某次迭代的单纯形表中，如果存在着一个大于 0 的检验数 σ_j，并且该列系数向量的每个元素 a_{ij}（$i=1, 2,\cdots,m; j=1, 2,\cdots,m$）都小于或等于 0，则此线性规划问题的解是无界的。一般来说，此类问题的出现是由建模的错误引起的。

4.4.3 无穷多最优解

例 4-3 用单纯形表求解下列线性规划问题。

$$\max z = 50x_1 + 50x_2$$

$$\text{s.t.} \begin{cases} x_1 + x_2 \leq 300 \\ 2x_1 + x_2 \leq 400 \\ x_2 \leq 250 \\ x_1, x_2 \geq 0 \end{cases}$$

解 在上述问题的约束条件中加入松弛变量 s_1, s_2, s_3，得到标准形式：

$$\max z = 50x_1 + 50x_2$$

$$\text{s.t.} \begin{cases} x_1 + x_2 + s_1 = 300 \\ 2x_1 + x_2 + s_2 = 400 \\ x_2 + s_3 = 250 \\ x_1, x_2, s_1, s_2, s_3 \geq 0 \end{cases}$$

填入单纯形表计算，如表 4-9 所示。

表 4-9 例 4-3 单纯形表

迭代次数	基变量	c_B	x_1	x_2	s_1	s_2	s_3	b	比值 b_i/a_{ij}
			50	50	0	0	0		
0	s_1	0	1	1	1	0	0	300	300/1
	s_2	0	2	1	0	1	0	400	400/1
	s_3	0	0	①	0	0	1	250	250/1
	z_j		0	0	0	0	0	$z=0$	
	$\sigma_j = c_j - z_j$		50	50	0	0	0		

续上表

迭代次数	基变量	c_B	x_1	x_2	s_1	s_2	s_3	b	比值 b_i/a_{ij}
			50	50	0	0	0		
1	s_1	0	①	0	1	0	-1	50	50/1
	s_2	0	2	0	0	1	-1	150	150/2
	x_2	50	0	1	0	0	1	250	—
	z_j		0	50	0	0	50	$z=12500$	
	$\sigma_j=c_j-z_j$		50	0	0	0	-50		
2	x_1	50	1	0	1	0	-1	50	—
	s_2	0	0	0	-2	1	①	50	50/1
	x_2	50	0	1	0	0	1	250	250/1
	z_j		50	50	50	0	0	$z=15000$	
	$\sigma_j=c_j-z_j$		0	0	-50	0	0		

这样我们求得了最优解为 $x_1=50, x_2=250, s_1=0, s_2=50, s_3=0$，此线性规划的最优值为15000。这个最优解是否是唯一的呢？由于在第二次迭代的检验数中除了基变量的检验数 $\sigma_1=\sigma_2=\sigma_4=0$ 外，非基变量 s_3 的检验数也等于0，这样我们可以断定此线性规划问题有无穷多最优解。我们不妨把检验数也为0的非基变量 s_3 选为入基变量进行第三次迭代，可求得另一个基本可行解，如表4-10所示。

例4-3 第三次迭代单纯形表　　　　　　　　　　　　　表4-10

迭代次数	基变量	c_B	x_1	x_2	s_1	s_2	s_3	b
			50	50	0	0	0	
3	x_1	50	1	0	-1	1	0	100
	s_3	0	0	0	-2	1	1	50
	x_2	50	0	1	2	-1	0	200
	z_j		50	50	50	0	0	$z=15000$
	$\sigma_j=c_j-z_j$		0	0	-50	0	0	

从检验数可知此基本可行解为 $x_1=100, x_2=200, s_1=0, s_2=0, s_3=50$，也是最优解。从图解法可知连接这两个最优解的线段上的任一点都是此线性规划问题的最优解，不妨用向量 Z_1, Z_2 表示上述两个最优解，即 $Z_1=(50,250,0,50,0)^T, Z_2=(100,200,0,0,50)^T$，则连接这两个最优解的线段上任一点即可表示为 $aZ_1+(1-a)Z_2, 0 \leqslant a \leqslant 1$，如图4-3所示。

结论：在一个已得到最优解的单纯形表中，如果存在一个非基变量的检验数 $\sigma_s=0$，当我们把这个非基变量 x_s 作为入基变量进行迭代时得到的新的基本解仍为最优解。证明从略。

这样我们得到了判断线性规划问题有无穷多最优解的方法：对于某个最优的基本可行解，如果存在某个非基变量的检验数为0，则此线性规划问题有无穷多最优解。

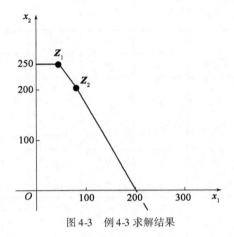

图 4-3 例 4-3 求解结果

4.4.4 退化问题

在单纯形法计算过程中,基变量有时存在两个以上相同的最小比值,这样在下一次迭代中就有了一个或几个基变量等于 0,这称为退化。

例 4-4 用单纯形表求解下列线性规划问题。

$$\max z = 2x_1 + 1.5x_3$$

$$\text{s.t.} \begin{cases} x_1 - x_2 \leq 2 \\ 2x_1 + x_3 \leq 4 \\ x_1 + x_2 + x_3 \leq 3 \\ x_1, x_2, x_3 \geq 0 \end{cases}$$

解 在上述问题的约束条件中加入松弛变量 s_1, s_2, s_3,化为标准形式后,填入单纯形表计算,如表 4-11 所示。

例 4-4 单纯形表(一)　　　　表 4-11

迭代次数	基变量	c_B	x_1	x_2	x_3	s_1	s_2	s_3	b	比值 b_i/a_{ij}
			2	0	1.5	0	0	0		
0	s_1	0	①	-1	0	1	0	0	2	2/1
	s_2	0	2	0	1	0	1	0	4	4/2
	s_3	0	1	1	1	0	0	1	3	3/1
	z_j		0	0	0	0	0	0	$z=0$	
	$\sigma_j = c_j - z_j$		2	0	1.5	0	0	0		
1	x_1	2	1	-1	0	1	0	0	2	—
	s_2	0	0	②	1	-2	1	0	0	0/2
	s_3	0	0	2	1	-1	0	1	1	1/2
	z_j		2	-2	0	2	0	0	$z=4$	
	$\sigma_j = c_j - z_j$		0	2	1.5	-2	0	0		

续上表

迭代次数	基变量	c_B	x_1	x_2	x_3	s_1	s_2	s_3	b	比值 b_i/a_{ij}
			2	0	1.5	0	0	0		
2	x_1	2	1	0	0.5	0	0.5	0	2	2/0.5
	x_2	0	0	1	⓪.5	-1	0.5	0	0	0/0.5
	s_3	0	0	0	0	1	-1	1	1	—
	z_j		2	0	1	0	1	0	$z=4$	
	$\sigma_j = c_j - z_j$		0	0	0.5	0	-1	0		

在以上的计算中可以看到在 0 次迭代栏中,比值 $b_1/a_{11} = b_2/a_{21} = 2$ 为最小比值,导致在第一次迭代中出现了退化,基变量 $s_2 = 0$,进而导致第二次迭代所取得的目标函数值并没有得到改善,仍然与第一次迭代的一样都等于 4。像这样继续迭代而得不到目标函数值的改进,就降低了单纯形表法的效率,但一般来说还是可以得到最优解的。继续计算本题,如表 4-12 所示。

例 4-4 单纯形表(二) 表 4-12

迭代次数	基变量	c_B	x_1	x_2	x_3	s_1	s_2	s_3	b	比值 b_i/a_{ij}
			2	0	1.5	0	0	0		
3	x_1	2	1	-1	0	1	0	0	2	2/1
	x_3	1.5	0	2	1	-2	1	0	0	—
	s_3	0	0	0	0	①	-1	1	1	1/1
	z_j		2	1	1.5	-1	1.5	0	$z=4$	
	$\sigma_j = c_j - z_j$		0	-1	0	1	-1.5	0		
4	x_1	2	1	-1	0	0	1	-1	1	
	x_3	1.5	0	2	1	0	-1	2	2	
	s_1	0	0	0	0	1	-1	1	1	
	z_j		2	1	1.5	0	0.5	1	$z=5$	
	$\sigma_j = c_j - z_j$		0	-1	0	0	-0.5	-1		

这样我们就得到了最优解 $x_1 = 1, x_2 = 0, x_3 = 2, s_1 = 1, s_2 = 0, s_3 = 0$,其最优值为 5。但有时候当出现退化时,即使存在最优解,迭代过程总是重复解的某一部分迭代过程,出现了计算过程的循环,目标函数值总是不变,永远达不到最优解。

例 4-5 用单纯形表求解下列线性规划问题。

$$\min f = -0.75x_4 + 20x_5 - 0.5x_6 + 6x_7$$

$$\text{s.t.} \begin{cases} x_1 + 0.25x_4 - 8x_5 - x_6 + 9x_7 = 0 \\ x_2 + 0.25x_4 - 12x_5 - 0.25x_6 + 3x_7 = 0 \\ x_3 + x_6 = 1 \\ x_1, x_2, x_3, x_4, x_5, x_6, x_7 \geq 0 \end{cases}$$

解 这个例题的确存在最优解,但用一般单纯形表法经过 6 次迭代后得到的单纯形表与第 0 次单纯形表一样,而目标函数值都是 0,没有任何变化,这样迭代下去,永远得不到最优解。为了避免这种现象,我们介绍勃兰特法则。

首先我们把松弛变量(剩余变量)、人工变量都用 x_j 表示,一般松弛变量(剩余变量)的下标号列在决策变量之后,人工变量的下标号列在松弛变量(剩余变量)之后,在计算中,遵守以下两个规则,就一定能避免出现循环:

(1)在所有检验数大于 0 的非基变量中,选一个下标号最小的作为入基变量。

(2)当存在两个和以上最小比值时,选一个下标号最小的基变量作为出基变量。

习题

1. 已知线性规划问题:

$$\max z = x_1 + 3x_2$$

$$\text{s.t.} \begin{cases} x_1 + x_3 = 5 & ① \\ x_1 + x_2 + x_4 \leq 10 & ② \\ x_2 + x_5 = 4 & ③ \\ x_1, x_2, x_3, x_4, x_5 \geq 0 & ④ \end{cases}$$

表 4-13 所列的解 a~f 均满足约束条件①②③,试指出表中可行解、基本解、基本可行解。

习题 1 线性规划问题的解 表 4-13

序号	决策变量				
	x_1	x_2	x_3	x_4	x_5
a	2	4	3	0	0
b	10	0	-5	0	4
c	3	0	2	7	4
d	1	4.5	4	0	-0.5
e	0	2	5	6	2
f	0	4	5	2	0

2. 考虑下列线性规划问题:

$$\max z = 5x_1 + 9x_2$$

$$\text{s.t.} \begin{cases} 0.5x_1 + x_2 \leq 8 \\ x_1 + x_2 \geq 10 \\ 0.25x_1 + 0.5x_2 \geq 6 \\ x_1, x_2 \geq 0 \end{cases}$$

(1)写出该线性规划的标准形式。

(2)在这个问题的基本解中,将有多少个变量的值取为 0? 为什么?

(3)请找出 s_1 和 s_2 的值取 0 的基本解。
(4)找出 x_1 和 s_2 的值取 0 的基本解。
(5)(3)和(4)的解是基本可行解吗？为什么？
(6)用图解法验证(3)和(4)的结果中是否有最优解。

3. 请考虑表 4-14 所给出的不完全初始单纯形表。

习题 3 单纯形表 表 4-14

迭代次数	基变量	c_B	x_1	x_2	x_3	s_1	s_2	s_3	b
			6	30	25	0	0	0	
0			3	1	0	1	0	0	40
			0	2	1	0	1	0	50
			2	1	−1	0	0	1	20
	z_j								
	$\sigma_j = c_j - z_j$								

(1)把上面的表格填写完整。
(2)按照(1)的完整表格，写出此线性规划模型。
(3)这个初始解的基是什么？并写出这个初始解和其对应的目标函数值。
(4)在进行第一次迭代时，请确定其入基变量和出基变量并说明理由；在表格上标出主元。

4. 分别用单纯形法和图解法解下列线性规划问题，并将两者求解过程进行比较。

$$\max z = 4x_1 + x_2$$
$$\text{s.t.} \begin{cases} x_1 + 3x_2 \leq 7 \\ 4x_1 + 2x_2 \leq 9 \\ x_1, x_2 \geq 0 \end{cases}$$

5. 用单纯形法解下列线性规划问题。

(1)
$$\max z = 12x_1 + 8x_2 + 5x_3$$
$$\text{s.t.} \begin{cases} 3x_1 + 2x_2 + x_3 \leq 20 \\ x_1 + x_2 + x_3 \leq 11 \\ 12x_1 + 4x_2 + x_3 \leq 48 \\ x_1, x_2, x_3 \geq 0 \end{cases}$$

(2)
$$\min f = x_1 + 2x_2 - x_3$$
$$\text{s.t.} \begin{cases} 2x_1 + 2x_2 - x_3 \leq 4 \\ x_1 - 2x_2 + 2x_3 \leq 8 \\ x_1 + x_2 + x_3 \leq 5 \\ x_1, x_2, x_3 \geq 0 \end{cases}$$

6. 用大 M 法求解下列线性规划问题。

(1)
$$\max z = 5x_1 + x_2 + 3x_3$$
$$\text{s.t.} \begin{cases} x_1 + 4x_2 + 2x_3 \geq 10 \\ x_1 - 2x_2 + x_3 \leq 16 \\ x_1, x_2, x_3 \geq 0 \end{cases}$$

(2)
$$\min f = 3x_1 - 2x_2 + 5x_3$$
$$\text{s.t.} \begin{cases} x_1 + 2x_2 + x_3 \geq 5 \\ -3x_1 + x_2 - x_3 \leq 4 \\ x_1, x_2, x_3 \geq 0 \end{cases}$$

7. 用单纯形法或大 M 法解下列线性规划问题，并指出问题的解的类型。

(1)
$$\max z = 3x_1 + 12x_2$$
$$\text{s.t.} \begin{cases} 2x_1 + 2x_2 \leq 11 \\ -x_1 + x_2 \geq 8 \\ x_1, x_2 \geq 0 \end{cases}$$

(2)
$$\min f = 4x_1 + 3x_2$$
$$\text{s.t.} \begin{cases} 2x_1 + 0.5x_2 \geq 10 \\ 2x_1 \geq 4 \\ 4x_1 + 4x_2 \geq 32 \\ x_1, x_2 \geq 0 \end{cases}$$

(3)
$$\max z = 2x_1 + 3x_2$$
$$\text{s.t.} \begin{cases} 8x_1 + 6x_2 \geq 24 \\ 3x_1 + 6x_2 \geq 12 \\ x_2 \geq 5 \\ x_1, x_2 \geq 0 \end{cases}$$

(4)
$$\max z = 2x_1 + x_2 + x_3$$
$$\text{s.t.} \begin{cases} 4x_1 + 2x_2 + 2x_3 \geq 4 \\ 2x_1 + 4x_2 \leq 20 \\ 4x_1 + 8x_2 + 2x_3 \leq 16 \\ x_1, x_2, x_3 \geq 0 \end{cases}$$

第 5 章

运输问题

本章将讨论一类重要的特殊的线性规划问题——运输问题。由于这类线性规划问题在结构上有其特殊性,我们可以用比单纯形法更为简便的解法——表上作业法来求解。运输问题在管理中有着广泛的应用,这也是我们把运输问题单列一章的理由。

在本章中,我们将讨论运输问题的模型,以及运输问题的表上作业法。

5.1 运输模型

一般的运输问题就是要解决把某种产品从若干个产地调运到若干个销地,在每个产地的供应量与每个销地的需求量已知,并知道各地之间的运输单价的前提下,如何确定一个使得总的运输费用最小的方案。

例 5-1 某公司从两个产地 A_1 和 A_2 将物品运往三个销地 $B_1 \sim B_3$,各产地的产量、各销地的销量和各产地运往各销地的每件物品的运费如表 5-1 所示,问:应如何调运,使得总运输费最小?

例 5-1 各方案运费单价(单位:元)   表 5-1

产地	销地			产量(件)
	B_1	B_2	B_3	
A_1	6	4	6	200
A_2	6	5	5	300
销量(件)	150	150	200	500 / 500

解 我们知道 A_1 和 A_2 两个产地的总产量为 $200+300=500$(件),$B_1 \sim B_3$ 三个销地的总销量为 $150+150+200=500$(件),总产量等于总销量,这是一个产销平衡的运输问题。把 A_1 和 A_2 的产量全部分配给 $B_1 \sim B_3$,正好满足这三个销地的需求。

设 x_{ij} 表示从产地 A_i 调运到销地 B_j 的运输量($i=1,2;j=1,2,3$),例如 x_{12} 表示由 A_1 调运到 B_2 的物品数量,现将安排的运输量列表,见表 5-2。

运输量表（单位：件）　　　　　　　　　　　　表 5-2

产地	销地			产量
	B_1	B_2	B_3	
A_1	x_{11}	x_{12}	x_{13}	200
A_2	x_{21}	x_{22}	x_{23}	300
销量	150	150	200	500

由表 5-2 可写出此问题的数学模型。

满足产地产量的约束条件为：

$$x_{11}+x_{12}+x_{13}=200$$
$$x_{21}+x_{22}+x_{23}=300$$

满足销地销量的约束条件为：

$$x_{11}+x_{21}=150$$
$$x_{12}+x_{22}=150$$
$$x_{13}+x_{23}=200$$

使运输费最小的目标函数为：

$$\min f = 6x_{11}+4x_{12}+6x_{13}+6x_{21}+5x_{22}+5x_{23}$$

所以此运输问题的线性规划模型如下：

$$\min f = 6x_{11}+4x_{12}+6x_{13}+6x_{21}+5x_{22}+5x_{23}$$

$$\text{s.t.}\begin{cases} x_{11}+x_{12}+x_{13}=200 \\ x_{21}+x_{22}+x_{23}=300 \\ x_{11}+x_{21}=150 \\ x_{12}+x_{22}=150 \\ x_{13}+x_{23}=200 \\ x_{ij}\geq 0\,(i=1,2;j=1,2,3) \end{cases}$$

为了给出一般运输问题的线性规划的模型，我们将使用以下的一些符号：$A_1,A_2,\cdots,A_m$ 表示某种物品的 m 个产地；$B_1,B_2,\cdots,B_n$ 表示某种物品的 n 个销地；s_i 表示产地 A_i 的产量；d_j 表示销地 B_j 的销量；c_{ij} 表示把物品从产地 A_i 运到销地 B_j 的单位运价。

同样设 x_{ij} 表示从产地 A_i 运到销地 B_j 的运输量，则产销平衡的运输问题的线性规划模型如下所示：

$$\min f = \sum_{i=1}^{m}\sum_{j=1}^{n}c_{ij}x_{ij}$$

$$\text{s.t.}\begin{cases} \sum_{j=1}^{n}x_{ij}=s_i\,(i=1,2,\cdots,m) \\ \sum_{i=1}^{m}x_{ij}=d_j\,(j=1,2,\cdots,n) \\ x_{ij}\geq 0\,(i=1,2,\cdots,m;j=1,2,\cdots,n) \end{cases}$$

有时上述的运输问题的一般模型会发生如下变化：

(1) 求目标函数的最大值而不是最小值。有些运输问题中，它的目标是要找出利润最大或营业额最大的调运方案,这时要求目标函数的最大值。

(2) 某些运输线路的运输能力有一定限制的约束条件。例如从 A_3 运到 B_4 的物品数量受到运输能力的限制,最多运送 1000 单位,这时只要在原来的模型上加上约束条件 $x_{34} \leq 1000$ 即可。

(3) 当总产量不等于总销量,即产销不平衡时,将通过增加一个假想仓库或假想生产地来转化成产销平衡的问题,具体做法将在下面阐述。

5.2 运输问题的表上作业法

表上作业法是一种求解运输问题的特殊方法,其实质是单纯形法,它针对运输问题变量多(如对有 20 个产地、30 个销地的运输问题就有 $20 \times 30 = 600$ 个变量)、结构独特的情况,大大简化了计算过程,它的计算过程如下:

这里假设所有的运输问题都是产销平衡的,至于产销不平衡的运输问题可以先化为产销平衡的问题,再求解。

(1) 找出初始基本可行解。

对于有 m 个产地、n 个销地产销平衡的问题,从其线性规划的模型上可知在它的约束条件中有 m 个关于产量的约束方程和 n 个关于销量的约束方程,共 $m+n$ 个约束方程,但由于产销平衡,前 m 个约束方程之和等于后 n 个约束方程之和,所以其模型最多只有 $m+n-1$ 个独立的约束方程。实际上其正好是 $m+n-1$ 个独立的约束方程,也就是说,其系数矩阵的秩为 $m+n-1$,即运输问题有 $m+n-1$ 个基变量,找出初始基本可行解,就是在 $(m \times n)$ 产销平衡表上给出 $m+n-1$ 个数字格,其相应的调运量就是基变量,格子中所填写的值即为基变量的值。

(2) 求各非基变量的检验数,即在表中计算除了上述的 $m+n-1$ 个数字格以外的空格的检验数以判别是否达到最优解,如已是最优解,则停止计算,否则转到下一步。在运输问题中都存在最优解。

(3) 确定入基变量与出基变量,找出新的基本可行解。在表上用闭回路法调整。

(4) 重复(2)和(3),直至得到最优解。

以上运算都可以在表上完成,下面通过例子来说明表上作业法的计算步骤。

例 5-2 喜庆食品公司有三个生产面包的分厂 $A_1 \sim A_3$,有四个销售公司 $B_1 \sim B_4$,其各分厂每日的产量、各销售公司每日的销量以及各分厂到各销售公司的单位运价如表 5-3 所示,在表中产量与销量的单位为 t,运价的单位为百元/t。问:该公司应如何调运产品,在满足各销点的需求量的前提下,使总运费最少?

产销情况和运价表(单位:百元/t)　　　　　　　表 5-3

产地	销地				产量(t)
	B_1	B_2	B_3	B_4	
A_1	3	11	3	10	7
A_2	1	9	2	8	4

续上表

产地	销地				产量(t)
	B_1	B_2	B_3	B_4	
A_3	7	4	10	5	9
销量(t)	3	6	5	6	20/20

解 可用表上作业法来解此题,这是一个产销平衡运输问题,上面已经给出产销情况和运价表,不需要再设假想产地和销地了。

5.2.1 确定初始基本可行解

我们在产销平衡与运价表上找出初始基本解,为了把初始基本可行解与运价区分开,我们把运价放在每一栏的右上角,每一栏的中间写上初始基本可行解(调运量),见表5-4。

西北角法   表5-4

产地	销地				产量
	B_1	B_2	B_3	B_4	
A_1	[3] 3	[11] 4	[3]	[10]	7 4 0
A_2	[1]	[9] 2	[2] 2	[8]	4 2 0
A_3	[7]	[4]	[10] 3	[5] 6	9 6 0
销量	3 0	6 2 0	5 3 0	6 0	

1. 西北角法

先从表中左上角(即西北角)的变量 x_{11} 开始分配运输量,并使 x_{11} 取尽可能大的值,如表5-4所示。产地 A_1 的产量为7,销地 B_1 的销量为3, x_{11} 只能取3,即 $x_{11} = \min(7,3) = 3$。

由于 x_{11} 为3,所以 x_{21} 与 x_{31} 必为0。令 x_{21} 与 x_{31} 为非基变量,这样我们在 x_{11} 格里填上3,并把 B_1 的销量与 A_1 的产量都减去3分别填入销量栏和产量栏,把原来的销量、产量划去。新填上的销量、产量表示在 $x_{11} = 3$(即 A_1 运给 B_1 3t)的情况下 B_1 还需要的销量与 A_1 还能供应的数量,这时 A_1 还能供应4t,而 B_1 还需要的销量为0,已不需要从 A_2,A_3 再运入了,这样我们就可把 B_1 列划去了。这样在产销平衡与运价表上(简称运输表)只剩下3×3矩阵了,这时 x_{12} 为西北角,同样我们取 x_{12} 为尽可能大的值,知 $x_{12} = \min(4,6) = 4$。

取 $x_{12}=4$ 填入,把 A_1 的产量改为 $4-4=0$,把 B_2 的销量改为 $6-4=2$ 填上,并划去 A_1 行;同样找到西北角 x_{22},取 $x_{22}=\min(4,2)=2$,改写 A_2 产量为 2,B_2 销量为 0,并划去 B_2 列;继续下去取 $x_{23}=\min(2,5)=2$,改写 A_2 产量为 0,B_3 销量为 3,划去 A_2 行;再取 $x_{33}=\min(3,9)=3$,改写 A_3 产量为 6,B_3 销量为 0,并划去 B_3 列;最后取 $x_{34}=\min(6,6)=6$ 填上,A_3 的产量与 B_4 的销量都改写为 0,并划去 A_3 行。这样就得到了一个初始基本可行解,有 $m+n-1=3+4-1=6$ 个基变量,其中 $x_{11}=3,x_{12}=4,x_{22}=2,x_{23}=2,x_{33}=3,x_{34}=6$,此时,其总运输费用为 $3\times3+11\times4+9\times2+2\times2+10\times3+5\times6=135$(百元)。

我们再来介绍确定初始基本可行解的另一个方法。

2. 最小元素法

西北角法是对西北角的变量分配运输量,而最小元素法的做法是就近供应,即对单位运价最小的变量分配运输量。我们仍以例 5-2 为例,确定初始基本可行解,如表 5-5 所示。

最小元素法   表 5-5

产地	销地				产量
	B_1	B_2	B_3	B_4	
A_1	3	11	3 4	10 3	7̶ 3 0
A_2	1 3	9	2 1	8	4 1̶ 0
A_3	7	4 6	10 3	5	9̶ 3̶ 0
销量	3 0	6 0	5 4 0	6 3 0	

在表 5-5 上找到单位运价最小的 x_{21} 开始分配运输量,并使 x_{21} 取尽可能大的值,这里产地 A_2 产量为 4,销地 B_1 销量为 3,取 $x_{21}=\min(4,3)=3$,把 x_{21} 所在空格填上 3,以后把 x_{ij} 所在空格记为 x_{ij},把 A_2 的产量改为 $4-3=1$,把 B_1 的销量改为 $3-3=0$,并划去 B_1 列,在所剩下的 3×3 矩阵里找到运价最小的变量 x_{23},取 $x_{23}=\min(1,5)=1$,A_2 产量改为 $1-1=0$,B_3 的销量改为 $5-1=4$,并把 A_2 行划去;在剩下的矩阵里找到运价最小的变量 x_{13},取 $x_{13}=\min(7,4)=4$,A_1 产量改写为 $7-4=3$,B_3 销量改写为 $4-4=0$,并划去 B_3 列;在剩下的矩阵里找到运价最小的变量 x_{32},取 $x_{32}=\min(9,6)=6$,A_3 产量改为 $9-6=3$,B_2 的销量改为 $6-6=0$,并划去 B_2 列;在剩下的表中找到运价最小的变量 x_{34},取 $x_{34}=\min(3,6)=3$,A_3 产量改为 $3-3=0$,B_4 的销量改为 $6-3=3$,并划去 A_3 行;在剩下的表中找到运价最小的变量 x_{14},取 $x_{14}=\min(3,3)=3$,A_1 产量改为 0,B_4 的销量改为 0,并划去 A_1 行。这就得到了一个初始基本可行解,有 6 个基变量,其中 $x_{13}=4,x_{14}=3,x_{21}=3,x_{23}=1,x_{32}=6,x_{34}=3$,其总运费为 $3\times4+10\times3+1\times3+2\times1+4\times6+5\times3=86$(百元)。一般用最小元素法求得的初始基本可行解比用西北角法求得的初始基本可行解总运费要少一些。这样从用最小元素法求得的初始基本可行解出发求最优解的迭代次数可能少一些。

另外在求初始基本可行解时要注意两个问题：

（1）当我们取定 x_{ij} 的值之后，会出现 A_i 的产量与 B_j 的销量都改为 0 的情况，这时只能划去 A_i 行或 B_j 列，但不能同时划去 A_i 行和 B_j 列。

（2）用最小元素法时，可能会出现只剩一行或一列的所有格均未填数或未被划掉的情况，此时在这一行或这一列中除去已填上的数外均填上 0，不能按空格划掉。这样可以保证填过数或 0 的格为 $m+n-1$ 个，即保证基变量的个数为 $m+n-1$ 个。

5.2.2 最优解的判别

这里介绍两种检验已得的运输方案是否为最优解的方法，即闭回路法和位势法。

1. 闭回路法

所谓闭回路，是在已给出的调运方案的运输表上从一个代表非基变量的空格出发，沿水平或垂直方向前进，只有碰到代表基变量的数字格才能向左或右转 90°（当然也可以不改变方向）继续前进，直至回到出发的那个空格，由此形成的封闭的折线叫作闭回路。一个空格存在唯一的闭回路。

注意：①每个非基变量（空格）有且只有一个闭回路。②基变量（数字格）无所谓闭回路。③每个闭回路都有偶数个顶点，除了起点（终点）是非基变量外，其他顶点都是基变量。

所谓闭回路法，就是对代表非基变量的空格（其调运量为 0），把它的调运量调整为 1，由于产销平衡的要求，我们必须对这个空格的闭回路的顶点的调运量增加或减少 1。最后我们计算出由于这些变化给整个运输方案的总运输费带来的变化。其增加值或减少值作为该空格的检验数填入该空格，如果所有代表非基变量的空格的检验数即非基变量的检验数都大于或等于 0，也就是任一个非基变量变成基变量都会使得总运输费增加（对于求目标函数最大值的线性规划问题，是要求所有检验数都小于或等于 0），那么原基本可行解就是最优解了，否则要进一步迭代以找出最优解。

运输问题最优解的判定定理：某个运输方案的所有非基变量的检验数都大于或等于 0，则该运输方案达到最优。

我们不妨以例 5-2 用最小元素法求出的初始基本解中的非基变量 x_{11} 来加以说明，如表 5-6 所示。

闭回路法（一）   表 5-6

产地	销地				产量
	B_1	B_2	B_3	B_4	
A_1	①	3	3	4	7
A_2	3	1	2	1	4
A_3					9
销量	3	6	5	6	

在表 5-6 中,我们先从空格(即非基变量)x_{11} 出发,找到一个闭回路,这个闭回路有 4 个顶点,除 x_{11} 为非基变量外,其余的 x_{13},x_{23},x_{21} 都是基变量。现在把 x_{11} 的调运量从 0 增加为 1t,运费增加了 3 百元,为了 A_1 产量平衡,x_{13} 就减少 1t,为了 B_3 销量平衡,x_{23} 就增加 1t,为了 A_2 产量和 B_1 销量平衡,x_{21} 就减少 1t,运费增加了 $3-3+2-1=1$(百元)。这就说明了 x_{11} 为非基变量,其值为 0 是对的选择。如果让 x_{11} 变为基变量,则运费要增加,这时我们把运费增加值 1 填入此空格作为 x_{11} 的检验数,为了与调运量加以区别,我们在 1 上加圈变为①。

同样,我们可以用闭回路法求出 x_{22} 的检验数。我们从空格 x_{22} 出发,找到一个闭回路如表 5-7 所示,这个闭回路有 6 个顶点,除 x_{22} 外都是基变量。我们把这个闭回路的 6 个顶点依次编号,x_{22} 为第一顶点,x_{23} 为第二顶点,x_{13} 为第三顶点,x_{14} 为第四顶点,x_{34} 为第五顶点,x_{32} 为第六顶点。奇数顶点运价之和减去偶数顶点运价之和,所得值即为如果 x_{22} 增加 1t 运输所引起的总运输费用的增加值,此值即为 x_{22} 的检验数。x_{22} 的检验数即为 $9+3+5-(2+10+4)=1$,我们在表 5-7 的 x_{22} 处(即 x_{22} 所在格)写上检验数①。

闭回路法(二) 表 5-7

产地	销地				产量
	B_1	B_2	B_3	B_4	
A_1			3 4	10 3	7
A_2		9 ①	2 1		4
A_3		4 6		5 3	9
销量	3	6	5	6	

这样我们可以找出所有非基变量的检验数,如表 5-8 所示。

非基变量的闭回路检验数 表 5-8

空格	闭回路	检验数
x_{11}	x_{11}—x_{13}—x_{23}—x_{21}—x_{11}	1
x_{12}	x_{12}—x_{14}—x_{34}—x_{32}—x_{12}	2
x_{22}	x_{22}—x_{23}—x_{13}—x_{14}—x_{34}—x_{32}—x_{22}	1
x_{24}	x_{24}—x_{23}—x_{13}—x_{14}—x_{24}	-1
x_{31}	x_{31}—x_{34}—x_{14}—x_{13}—x_{23}—x_{21}—x_{31}	10
x_{33}	x_{33}—x_{34}—x_{14}—x_{13}—x_{33}	12

用闭回路法求检验数,需要给每一个空格找一条闭回路,当产销点很多时这种计算很烦琐。下面介绍较为简便的方法——位势法。

2. 位势法

所谓位势法,就是我们对运输表上的每一行赋予一个数值 u_i,对每一列赋予一个数值 v_j,

它们的数值是由基变量 x_{ij} 的检验数 $\lambda_{ij} = c_{ij} - u_i - v_j = 0$ 决定的，则非基变量 x_{ij} 的检验数 λ_{ij} 就可用公式 $\lambda_{ij} = c_{ij} - u_i - v_j$ 求出。

下面我们用位势法对例 5-2 用最小元素法求出的初始基本可行解求检验数。对给出的初始基本可行解作表 5-9，把原来表中的最后一列的产量改成 u_i 值，最后一行的销量改为 v_j 值，表中每一栏的右上角填入的数字仍表示运价，栏中填入的数字表示调运量，栏中无数值的表示此栏为非基变量，调运量为 0。

位势法　　　　　　　　　　　　　　　　　　　表 5-9

产地	销地				u_i
	B_1	B_2	B_3	B_4	
A_1	① 3	② 11	4	3 10	0
A_2	3 1	① 9	1 2	⊖ 8	-1
A_3	⑩ 7	6 4	⑫ 10	3 5	-5
v_j	2	9	3	10	

我们先给 u_1 赋任意数值，不妨令 $u_1 = 0$，则从基变量 x_{13} 的检验数 $\lambda_{13} = c_{13} - u_1 - v_3 = 0$，求得 $v_3 = c_{13} - u_1 = 3 - 0 = 3$。

同样：

从 $\lambda_{14} = c_{14} - u_1 - v_4 = 0$，求得 $v_4 = c_{14} - u_1 = 10 - 0 = 10$；

从 $\lambda_{23} = c_{23} - u_2 - v_3 = 0$，求得 $u_2 = c_{23} - v_3 = 2 - 3 = -1$；

从 $\lambda_{34} = c_{34} - u_3 - v_4 = 0$，求得 $u_3 = c_{34} - v_4 = 5 - 10 = -5$；

从 $\lambda_{21} = c_{21} - u_2 - v_1 = 0$，求得 $v_1 = c_{21} - u_2 = 1 - (-1) = 2$；

从 $\lambda_{32} = c_{32} - u_3 - v_2 = 0$，求得 $v_2 = c_{32} - u_3 = 4 - (-5) = 9$。

把所得的 $u_1, u_2, u_3, v_1, v_2, v_3, v_4$ 值填入表 5-9，利用所求得的 u_i 与 v_j 值来计算非基变量的检验数：

$$\lambda_{11} = c_{11} - u_1 - v_1 = 3 - 0 - 2 = 1$$
$$\lambda_{12} = c_{12} - u_1 - v_2 = 11 - 0 - 9 = 2$$
$$\lambda_{22} = c_{22} - u_2 - v_2 = 9 - (-1) - 9 = 1$$
$$\lambda_{24} = c_{24} - u_2 - v_4 = 8 - (-1) - 10 = -1$$
$$\lambda_{31} = c_{31} - u_3 - v_1 = 7 - (-5) - 2 = 10$$
$$\lambda_{33} = c_{33} - u_3 - v_3 = 10 - (-5) - 3 = 12$$

把非基变量的检验数填入表 5-9，显然用位势法求得的检验数与用闭回路法求得的检验数是一样的。位势法的理论依据在这里省略不讲。

5.2.3　改进运输方案的办法——闭回路调整法

运输方案调整的前提是该方案没有达到最优，所以必然存在非基变量的检验数小于 0。

第5章 运输问题

调整运输方案的方法是:

第一步,确定入基变量。检验数最小(检验数小于 0 且绝对值最大)的非基变量确定为入基变量,有两个(以上)非基变量检验数相等且最小,任取其一作为入基变量。

第二步,确定出基变量。找到入基变量的闭回路,在这个闭回路的偶数号顶点中取值(调运量)最小的顶点(基变量)确定为出基变量。

第三步,调运量的调整。将出基变量的调运量全部调整给入基变量,同时,此闭回路的奇数顶点调运量同幅增加,偶数顶点调运量同幅减少。

当我们已知表中某个非基变量(即非基变量所在空格)的检验数为负值时,表明未得最优解,要进行调整。我们在所有为负值的检验数中,选其中最小的负检验数,以它对应的非基变量为入基变量,如在例 5-2 中因为 $\lambda_{24} = -1$,选非基变量 x_{24} 为入基变量,并以 x_{24} 所在格为出发点作一个闭回路,如表 5-10 所示。

闭回路调整法 表 5-10

产地	销地				产量
	B_1	B_2	B_3	B_4	
A_1			4(+1)	3(−1)	7
A_2	3		1(−1)	(+1)	4
A_3		6		3	9
销量	3	6	5	6	

$\lambda_{24} = -1$,表明增加 1 个单位的 x_{24} 的运输量,就可以使总运费减少 1。我们应尽量多增加 x_{24} 的运输量,但为了保证运输方案的可行性(即所有调运量必须大于或等于 0),在以出发点 x_{24} 所在空格为 1 的闭回路顶点的序号中,找出所有偶数的顶点的调运量,即 $x_{14}=3, x_{23}=1$,取其中的最小值为 x_{24} 的值,即 $x_{24} = \min(3,1) = 1$。为了使产销平衡,把闭回路上所有偶数顶点的运输量都减少这个值,而闭回路上所有奇数顶点的运输量都增加这个值,即得到调整后的运输方案,如表 5-11 所示。

调整后的运输量表 表 5-11

产地	销地				产量
	B_1	B_2	B_3	B_4	
A_1			5	2	7
A_2	3			1	4
A_3		6		3	9
销量	3	6	5	6	

对表 5-11 给出的运输方案,我们用位势法进行检验,见表 5-12。

位势法检验　　　　　　　　　　　表 5-12

产地	销地				u_i
	B_1	B_2	B_3	B_4	
A_1	⓪ 3	② 11	5 3	2 10	0
A_2	3 1	② 9	① 2	1 8	-2
A_3	⑨ 7	6 4	⑫ 10	3 5	-5
v_j	3	9	3	10	

表 5-12 中带圈的数字是非基变量的检验数,可知所有检验数都大于或等于 0(基变量的检验数都等于 0),此解是最优解,这时最小总运输费用为 85 百元,具体的运输方案如下:A_1 分厂运 5t 到销售公司 B_3,运 2t 到销售公司 B_4;A_2 分厂运 3t 到销售公司 B_1,运 1t 到销售公司 B_4;A_3 分厂运 6t 到销售公司 B_2,运 3t 到销售公司 B_4。

5.2.4　如何找多个最优方案

与单纯形法一样,用表上作业法求解运输问题也会存在多个最优方案的情况,这对决策者来说是很重要的,他可以考虑与模型无关的其他因素,从而确定最后的方案。

识别是否有多个最优解的方法与单纯形法一样,只需看最优方案中是否存在非基变量的检验数为 0。如在表 5-12 中给出的最优运输方案中 x_{11} 的检验数 $\lambda_{11}=0$,可知此运输问题有多个最优解。为求得另一个最优解,只要把 x_{11} 作为入基变量,调整运输方案,就可得到另一个最优方案,如表 5-13 所示。

调整运输方案　　　　　　　　　　　表 5-13

产地	销地			
	B_1	B_2	B_3	B_4
A_1	(+2)		5	2(-2)
A_2	3(-2)			1(+2)
A_3		6		3

新的最优方案如表 5-14 所示。

第5章 运输问题

新的最优方案　　　　　　　　　　　　　　　　　　　　　　　表 5-14

产地	销地			
	B_1	B_2	B_3	B_4
A_1	2		5	
A_2	1			3
A_3		6		3

其最小运费为：

$3 \times 2 + 1 \times 1 + 4 \times 6 + 3 \times 5 + 8 \times 3 + 5 \times 3 = 6 + 1 + 24 + 15 + 24 + 15 = 85$（百元）

5.2.5 不平衡的运输问题

以上我们讨论的是产销平衡的运输问题。对于产销不平衡的运输问题，我们可以先转化为产销平衡的运输问题，然后求解。

例 5-3　某公司从两个产地 A_1 和 A_2 将物品运往三个销地 $B_1 \sim B_3$，各产地的产量、各销地的销量和各产地运往各销地的每件物品的运费如表 5-15 所示，问：如何组织运输，使总运输费用为最小？

例 5-3 各方案运费单价（单位：元）　　　　　　　　表 5-15

产地	销地			产量(件)
	B_1	B_2	B_3	
A_1	6	4	6	300
A_2	6	5	5	300
销量(件)	150	150	200	600 / 500

解　例 5-3 与例 5-1 比较，只是 A_1 的产量提高到 300 件。这样一来总产量为 $300+300=600$（件），而总销量仍然是 $150+150+200=500$（件），这是一个产大于销的不平衡运输问题。为此我们再建立一个假想的销地 B_4，B_4 为产地 A_1 和 A_2 各自的仓库，B_4 的销量为 100 件。因为产地 A_1 和 A_2 把物品放在各自的仓库都不需要运费，所以可以令 $c_{14}=0, c_{24}=0$。这样就得到了表 5-16 所示的产销平衡与运价表，把产大于销的不平衡运输问题转化成了产销平衡的运输问题。

例 5-3 产销平衡与运价表（单位：元）　　　　　　　表 5-16

产地	销地				产量(件)
	B_1	B_2	B_3	B_4	
A_1	6	4	6	0	300
A_2	6	5	5	0	300
销量(件)	150	150	200	100	600 / 600

根据前述运输问题表上作业法,得到例 5-3 的最优解:
$$x_{11}=50, x_{12}=150, x_{13}=0, x_{14}=100$$
$$x_{21}=100, x_{22}=0, x_{23}=200, x_{24}=0$$
$$\min f = 2500$$

其中,$x_{14}=100$ 是 A_1 放在自己仓库的物品数量,$x_{24}=0$ 是 A_2 放在自己仓库的物品数量。

总之,对总产量大于总销量(供过于求)的不平衡运输问题,按以下方法处理以后再用表上作业法求解:

(1) 虚拟一个销地,其销量等于产销不平衡的差额。

(2) 令每个产地往虚拟销地的线路上的运价为 0。

例 5-4 某公司从两个产地 A_1 和 A_2,将物品运往三个销地 B_1,B_2,B_3,各产地的产量、各销地的销量和各产地运往各销地的每件物品的运费如表 5-17 所示,问:如何组织运输,使总运输费用为最小?

例 5-4 各方案运费单价(单位:元)　　　　　　　　　　　表 5-17

产地	销地			产量(件)
	B_1	B_2	B_3	
A_1	6	4	6	200
A_2	6	5	5	300
销量(件)	250	200	200	500 / 650

解 例 5-4 与例 5-1 比较,只是 B_1 和 B_2 的销量提高了,这样一来总产量还是 500 件,但总销量却变成了 650 件。这是一个销大于产的不平衡运输问题。为此我们就建立一个假想的产地 A_3,A_3 的产量为 150 件,不过 A_3 生产的物品仅仅是"空头支票",所以从 A_3 到 B_1,B_2,B_3 的运费当然是 0,故 $c_{31}=c_{32}=c_{33}=0$。在一个运输方案中,A_3 调运到 B_1,B_2,B_3 的物品数量 x_{31},x_{32},x_{33},只是表明 B_1,B_2,B_3 的销量中所欠缺的数量。这样,我们可以得到表 5-18 所示的产销平衡与运价表,把销大于产的不平衡运输问题转化成了产销平衡的运输问题。

例 5-4 产销平衡与运价表(单位:元)　　　　　　　　　　　表 5-18

产地	销地			产量(件)
	B_1	B_2	B_3	
A_1	6	4	6	200
A_2	6	5	5	300
A_3	0	0	0	150
销量(件)	250	200	200	650 / 650

根据前述运输问题表上作业法,得到例 5-4 的最优解:
$$x_{11}=0, x_{12}=200, x_{13}=0$$
$$x_{21}=100, x_{22}=0, x_{23}=200$$

$$x_{31}=150, x_{32}=0, x_{33}=0$$
$$\min f = 2400$$

其中,$x_{31}=150, x_{32}=0, x_{33}=0$ 分别为销地 B_1, B_2, B_3 欠缺的物品数量。

同样,对总销量大于总产量(供不应求)的不平衡运输问题,按以下方法处理以后再用表上作业法求解:

(1)虚拟一个产地,其产量等于产销不平衡的差额。
(2)令这个虚拟产地往每个销地的线路上的运价为0。

习题

1. 某公司在三个地方有三个分厂,生产同一种产品,其产量分别为 300 箱、400 箱、500 箱。需要供应四个地方的销售,这四地的产品需求分别为 400 箱、250 箱、350 箱、200 箱。三个分厂到四个销地的单位运价如表 5-19 所示。

单位运价表(单位:元)　　　　　　　　　　　　　　　　表 5-19

产地	销地			
	甲	乙	丙	丁
一分厂	21	17	23	25
二分厂	10	15	30	19
三分厂	23	21	20	22

(1)应如何安排运输方案,使得总运费最小?
(2)如果二分厂的产量从 400 箱提高到了 600 箱,其他情况都同(1),那么应如何安排运输方案,使得总运费最小?
(3)如果销地甲的需求从 400 箱提高到 550 箱,而其他情况都同(1),那该如何安排运输方案,使得总运费最小?

2. 某公司有甲、乙、丙、丁四个分厂生产同一种产品,产量分别为 300t、500t、400t、100t,供应 Ⅰ、Ⅱ、Ⅲ、Ⅳ、Ⅴ、Ⅵ六个地区的需求,各地区的需求量分别为 300t、250t、350t、200t、250t、150t。由于原料、工艺、技术的差别,各厂产品的成本分别为 1.3 元/kg、1.4 元/kg、1.35 元/kg、1.5 元/kg。又由于行情不同,各地区销售价格分别为 2.0 元/kg、2.2 元/kg、1.9 元/kg、2.1 元/kg、1.8 元/kg、2.3 元/kg。已知从各分厂运往各销售地区每千克产品的运价如表 5-20 所示。

运价表(单位:元)　　　　　　　　　　　　　　　　表 5-20

产地	销地					
	Ⅰ	Ⅱ	Ⅲ	Ⅳ	Ⅴ	Ⅵ
甲分厂	0.4	0.5	0.3	0.4	0.4	0.1
乙分厂	0.3	0.7	0.9	0.5	0.6	0.3

续上表

产地	销地					
	Ⅰ	Ⅱ	Ⅲ	Ⅳ	Ⅴ	Ⅵ
丙分厂	0.6	0.8	0.4	0.7	0.5	0.4
丁分厂	0.7	0.4	0.3	0.7	0.4	0.7

从上面可知销大于产。如果要求第Ⅰ、第Ⅱ个销地分别至少供应150t;第Ⅴ个销地的需求必须全部满足;第Ⅲ、第Ⅳ和第Ⅵ个销地只要求供应量不超过需求量。请确定一个运输方案使该公司获利最多。

3. 某造船厂根据合同从当年起连续三年末每年交货五条规格型号相同的大型客货轮。已知该厂这三年内生产大型客货轮的能力及每艘客货轮的成本如表5-21所示。

习题3 成本表　　　　　　　　　　　　　　　　表5-21

年度	正常生产时间内可完成的客货轮数	加班生产时间内可完成的客货轮数	正常生产时每艘成本(万元)
1	3	3	600
2	4	2	700
3	2	3	650

已知加班生产时,每艘客货轮的成本比正常高出10%,又知造出来的客货轮如当年不交货,每艘每积压一年所造成的积压损失为60万元。在签合同时,该厂已积压了两艘未能交货的客货轮,而该厂希望在第三年末完成合同后还能储存一艘备用。该厂应如何安排每年客货轮的生产量,使在满足上述各项要求的情况下,总的生产费用最少?

4. 甲、乙两个煤矿分别生产煤炭500万t、600万t,供应A、B、C、D四个电厂的需求,各电厂的用煤量分别为300万t、200万t、500万t、100万t。已知各煤矿之间、煤矿与电厂之间以及各电厂之间的相互距离分别如表5-22、表5-23、表5-24所示。煤炭可以直接运达,也可经转运抵达,试确定煤炭从煤矿到各电厂的最优调运方案。

各煤矿之间的距离(单位:km)　　　　　　　　　　表5-22

从	到	
	甲	乙
甲	0	100
乙	80	0

煤矿与电厂之间的距离(单位:km)　　　　　　　　表5-23

从	到			
	A	B	C	D
甲	150	200	180	240
乙	80	210	60	170

各电厂之间的距离(单位:km)　　　　　　　　　　　　　　　　　　　　　表 5-24

从	到			
	A	B	C	D
A	0	60	110	80
B	70	0	140	50
C	110	130	0	90
D	90	50	50	0

5. 某自行车制造公司设有两个装配厂,且在四地有四个销售公司,公司想要定出各家销售公司需要的自行车应由哪个厂装配,以保证公司获取最大利润。相关数据见表 5-25、表 5-26。

习题 5 数据　　　　　　　　　　　　　　　　　　　　　表 5-25

装配厂	A	B
产量(供应量)	1100	1000
每辆装配费	45	55
销售公司	1	2	3	4
需要(需求量)	500	300	550	650

习题 5 运输单价表　　　　　　　　　　　　　　　　　　表 5-26

装配厂	销售公司			
	1	2	3	4
A	9	4	7	19
B	2	18	14	6

请建立一个运输模型,以决定自行车装配和分配的最优方案。

6. 已知某运输问题的产量、销量及单价如表 5-27 所示。

习题 6 运输单价表　　　　　　　　　　　　　　　　　　表 5-27

产地	销地			产量
	1	2	3	
甲	8	7	4	15
乙	3	5	9	25
销量	20	10	20	

(1) 用最小元素法求出此运输问题的初始解。
(2) 用表上作业法求出此运输问题的最优解。
(3) 此运输方案只有一个最优解,还是具有无穷多最优解?为什么?
(4) 如果销地 1 的销量从 20 增加为 30,其他数据都不变,请用表上作业法求出其最优运输方案。

第 6 章

整数规划

在前面讨论的线性规划问题中,最优解可能是整数,也可能不是整数,但对某些实际问题,要求答案必须是整数。如所求的解是安排上班的人数、按某个方案裁剪钢材的根数、生产机器的台数等。对于求整数解的线性规划问题,不是用四舍五入法或去尾法对线性规划的非整数解加以处理就能解决的,而要用整数规划的方法加以解决。

在整数规划中,如果所有的变量都为非负整数,则称之为纯整数规划问题;如果只有一部分变量为非负整数,则称之为混合整数规划问题。在整数规划中,如果变量的取值只限于 0 和 1,则称这样的变量为 0-1 变量。在纯整数规划和混合整数规划问题中,常常会有一些变量是 0-1 变量,如果所有变量都是 0-1 变量,则称这样的规划为 0-1 规划。

6.1 整数规划的图解法

例 6-1 公司拟用集装箱托运甲、乙两种货物,这两种货物每件的体积($1\text{ft}^3 = 0.0283\text{m}^3$)、质量、可获利润以及托运所受限制如表 6-1 所示。甲种货物至多托运 4 件,问:两种货物各托运多少件,可使获得利润最大?

例 6-1 数据 表 6-1

货物	每件体积(ft^3)	每件质量($\times 10^2 \text{kg}$)	每件利润(百元)
甲	195	4	2
乙	273	40	3
托运限制	1365	140	

解 设 x_1 和 x_2 分别为甲、乙两种货物托运的件数,显然 x_1 和 x_2 是非负的整数,这是一个(纯)整数规划问题,其数学模型如下:

$$\max z = 2x_1 + 3x_2$$

$$\text{s. t.} \begin{cases} 195x_1 + 273x_2 \leq 1365 \\ 4x_1 + 40x_2 \leq 140 \\ x_1 \leq 4 \\ x_1, x_2 \geq 0 \\ x_1, x_2 \text{ 为整数} \end{cases}$$

如果将上述整数规划中的最后一个约束条件 x_1 和 x_2 为整数去掉,它就是一个线性规划问题。我们用图解法来解这个整数规划问题,以及与之对应的线性规划问题,并把它们的最优解加以比较。

图 6-1 中的阴影部分是上述整数规划相应的线性规划的可行域,而图中画"×"号的点是整数规划的可行点。

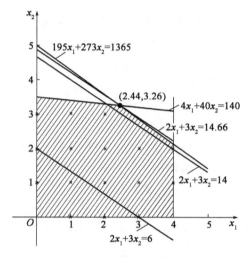

图 6-1 例 6-1 用图解法的解题过程

平移目标函数的等值线,得相应的线性规划的最优解(保留 2 位小数)为 $x_1 = 2.44$, $x_2 = 3.26$,目标函数的最优值为 14.66,这个解显然不是整数规划的可行解。同样把目标函数的等值线尽量向右上方平移以便取得最大值,同时又必须过整数规划可行点,可得整数规划的最优解为 $x_1 = 4$, $x_2 = 2$,这时其最优目标函数值为 14,这个整数规划的最优解并不可以通过对相应的线性规划的不为整数的最优解用四舍五入法或去尾法或进一法而得到。当我们对相应的线性规划的最优解用四舍五入法或去尾法得 $x_1 = 2$, $x_2 = 3$,这时目标函数值为 13,并不是此整数规划的最优解。当我们对相应的线性规划的最优解用进一法时取 $x_1 = 3$, $x_2 = 3$,或取 $x_1 = 2$, $x_2 = 4$,或取 $x_1 = 3$, $x_2 = 4$ 都不是此整数规划的可行解。

从例 6-1 我们可以看到,由于相应的线性规划的可行域包含了其整数规划的可行点,就可得到如下的性质:

性质 1 任何求最大目标函数值的纯整数规划或混合整数规划的最大目标函数值小于或等于相应的线性规划的最大目标函数值;任何求最小目标函数值的纯整数规划或混合整数规划的最小目标函数值大于或等于相应的线性规划的最小目标函数值。

一般来说,当一个整数问题用线性规划模型求得的最优解的小数部分占的比例很小时,我们可以用四舍五入法对其最优解进行处理,使其仍为可行解,这个结果即使不是最优解,也是次优解。这样处理是合适的,但像例 6-1 所示的那样,用线性规划模型求得的最优解为 $x_1 = 2.44, x_2 = 3.26$。其小数部分 0.44 和 0.26 在最优解 2.44 和 3.26 中的比例较大,这种情况下,用线性规划模型来求解是不合适的,必须用整数规划模型来解。

6.2 整数规划的应用

6.2.1 投资场所的选择

例 6-2 某产品公司计划在市区的东、西、南、北四区建立销售门市部,拟议中有 10 个位置 $A_i(i=1,2,3,\cdots,10)$ 可供选择,考虑到各地区居民的消费水平及居民居住密集度,规定:

在东区从 A_1,A_2,A_3 三个点中至多选择两个;

在西区从 A_4,A_5 两个点中至少选一个;

在南区从 A_6,A_7 两个点中至少选一个;

在北区从 A_8,A_9,A_{10} 三个点中至少选两个。

A_i 各点的设备投资及每年可获利润由于地点不同都是不一样的,预测情况如表 6-2 所示。投资总额不能超过 720 万元,问:应选择哪几个销售点,可使年利润最大?

例 6-2 数据　　　　　　　　　　表 6-2

位置	A_1	A_2	A_3	A_4	A_5	A_6	A_7	A_8	A_9	A_{10}
投资额(万元)	100	120	150	80	70	90	80	140	160	180
利润(万元)	36	40	50	22	20	30	25	48	58	61

解 设 0-1 变量:

$$x_i = \begin{cases} 1, \text{当 } A_i \text{ 点被选用} \\ 0, \text{当 } A_i \text{ 点没被选用} \end{cases}$$

这样我们可建立如下的数学模型:

$$\max z = 36x_1 + 40x_2 + 50x_3 + 22x_4 + 20x_5 + 30x_6 + 25x_7 + 48x_8 + 58x_9 + 61x_{10}$$

$$\text{s.t.} \begin{cases} 100x_1 + 120x_2 + 150x_3 + 80x_4 + 70x_5 + 90x_6 + 80x_7 + 140x_8 + 160x_9 + 180x_{10} \leq 720 \\ x_1 + x_2 + x_3 \leq 2 \\ x_4 + x_5 \geq 1 \\ x_6 + x_7 \geq 1 \\ x_8 + x_9 + x_{10} \geq 2 \\ x_i \geq 0 \text{ 且 } x_i \text{ 为 0-1 变量}(i=1,2,3,\cdots,10) \end{cases}$$

求得最优解: $x_1=1, x_2=1, x_3=0, x_4=0, x_5=1, x_6=1, x_7=0, x_8=0, x_9=1, x_{10}=1$。最优目标函数值为 245。

此结果告诉我们要在 $A_1, A_2, A_5, A_6, A_9, A_{10}$ 等 6 个地点建立销售门市部,既能满足规定,

第6章 整数规划

又在投资不超过 720 万元[实际投资额为 $100+120+70+90+160+180=720$(万元)]的情况下,获得最大利润 245 万元。

6.2.2 固定成本问题

例 6-3 某高压容器公司制造小号、中号、大号三种尺寸的金属容器,所用资源为金属板、劳动力和机器设备,制造一个容器所需的各种资源的数量如表 6-3 所示,不考虑固定费用,每种容器售出所得的利润分别为 4 万元、5 万元、6 万元,可使用的金属板为 500t,劳动力为 300 人/月,机器设备为 100 台/月,此外,不管每种容器制造的数量是多少,都要支付一笔固定的费用:小号为 100 万元,中号为 150 万元,大号为 200 万元。现在要制订一个生产计划,使获得的利润最大。

例 6-3 数据　　　　　　　　　　　　　　　　表 6-3

资源	小号容器	中号容器	大号容器
金属板(t)	2	4	8
劳动力(人/月)	2	3	4
机器设备(台/月)	1	2	3

解 这是一个整数规划的问题。

设 x_1,x_2,x_3 分别为小号容器、中号容器和大号容器的生产数量。各种容器的固定费用只有在生产该种容器时才投入,为了说明固定费用的这种性质,设:

$$y_i = \begin{cases} 1, & \text{当生产第 } i \text{ 种容器,即 } x_i > 0 \text{ 时} \\ 0, & \text{当不生产第 } i \text{ 种容器,即 } x_i = 0 \text{ 时} \end{cases}$$

扣除了固定费用的最大利润的目标函数可以写为:

$$\max z = 4x_1 + 5x_2 + 6x_3 - 100y_1 - 150y_2 - 200y_3$$

约束条件首先可以写出受金属板、劳动力、机器设备等资源限制的三个不等式:

$$2x_1 + 4x_2 + 8x_3 \leq 500$$
$$2x_1 + 3x_2 + 4x_3 \leq 300$$
$$x_1 + 2x_2 + 3x_3 \leq 100$$

然后,为了避免出现某种容器不投入固定费用就生产这种不合理的情况,必须加上以下的约束条件:

$$x_1 \leq y_1 M$$
$$x_2 \leq y_2 M$$
$$x_3 \leq y_3 M$$

其中,M 是充分大的数,从 1 个容器至少要 2 个劳动力的约束条件可知,各种容器的制造数量不会超过 150 台,可将 M 取大一些,如取 $M=200$,即得:

$$x_1 \leq 200y_1$$
$$x_2 \leq 200y_2$$
$$x_3 \leq 200y_3$$

当 $y_i=0$,即对第 i 种容器不投入固定费用时,从 $x_i \leq 200y_i$,即得 $x_i \leq 0$,则第 i 种容器必不

能生产；当 $y_i = 1$，即对第 i 种容器投入固定费用时，从 $x_i \leq 200y_i$，即得 $x_i \leq 200$，则第 i 种容器生产的数量要小于或等于 200，这是合理的。

综上所述，得到此问题的数学模型如下：

$$\max z = 4x_1 + 5x_2 + 6x_3 - 100y_1 - 150y_2 - 200y_3$$

$$\text{s.t.} \begin{cases} 2x_1 + 4x_2 + 8x_3 \leq 500 \\ 2x_1 + 3x_2 + 4x_3 \leq 300 \\ x_1 + 2x_2 + 3x_3 \leq 100 \\ x_1 - My_1 \leq 0 \\ x_2 - My_2 \leq 0 \\ x_3 - My_3 \leq 0 \\ x_1, x_2, x_3 \geq 0; y_1, y_2, y_3 \text{ 为 0-1 变量} \end{cases}$$

解得最大目标函数值为 300，最优解为 $x_1 = 100, x_2 = 0, x_3 = 0$，也就是说，生产 100 台小号容器可得最大利润 300 万元。并从计算机输出结果得到如下信息：第 1 约束条件的松弛变量为 300，即有 300t 金属板没用；第 2 约束条件的松弛变量为 100，即劳动力富余 100 人/月；第 3 约束条件的松弛变量为 0，即机器设备全部用完。

6.2.3 指派问题

我们常常会遇到这样的问题：有 n 项不同的任务，恰好 1 个人可分别承担这些任务，但由于每人特长不同，完成各项任务的效率等情况也不同。现假设必须指派 1 个人去完成 1 项任务，怎样把 n 项任务指派给 n 个人，使得完成 n 项任务的总的效率最高，这就是指派问题。

例 6-4 有四名工人，要分别指派他们完成四项不同的任务，每人完成每项任务所消耗的时间如表 6-4 所示，应如何指派任务，才能使总的消耗时间最少？

每人做每项任务所消耗的时间(单位:h)　　　　表 6-4

任务	任务			
	A	B	C	D
甲	15	18	21	24
乙	19	23	22	18
丙	26	17	16	19
丁	19	21	23	17

解 引入 0-1 变量 x_{ij}，并令：

$$x_{ij} = \begin{cases} 1, \text{当指派第 } i \text{ 人去完成第 } j \text{ 项任务时} \\ 0, \text{当不指派第 } i \text{ 人去完成第 } j \text{ 项任务时} \end{cases}$$

使总消耗时间最少的目标函数可以写为：

$$\min z = 15x_{11} + 18x_{12} + 21x_{13} + 24x_{14} + 19x_{21} + 23x_{22} + 22x_{23} + 18x_{24} + 26x_{31} + 17x_{32} + 16x_{33} + 19x_{34} + 19x_{41} + 21x_{42} + 23x_{43} + 17x_{44}$$

每人只能做一项任务的约束条件可以写为：
$$x_{11}+x_{12}+x_{13}+x_{14}=1(甲只能做一项任务)$$
$$x_{21}+x_{22}+x_{23}+x_{24}=1(乙只能做一项任务)$$
$$x_{31}+x_{32}+x_{33}+x_{34}=1(丙只能做一项任务)$$
$$x_{41}+x_{42}+x_{43}+x_{44}=1(丁只能做一项任务)$$

每项任务只能由一个人做的约束条件可以写为：
$$x_{11}+x_{21}+x_{31}+x_{41}=1(A任务只能一个人做)$$
$$x_{12}+x_{22}+x_{32}+x_{42}=1(B任务只能一个人做)$$
$$x_{13}+x_{23}+x_{33}+x_{43}=1(C任务只能一个人做)$$
$$x_{14}+x_{24}+x_{34}+x_{44}=1(D任务只能一个人做)$$

再加上约束条件：x_{ij} 为 0-1 变量，$i=1,2,3,4;j=1,2,3,4$。以上就组成了此整数规划问题的数学模型。

计算可得到如下结果：$x_{21}=1,x_{12}=1,x_{33}=1,x_{44}=1$，其最小目标函数值为 70，也就是说，指派乙做 A 工作，甲做 B 工作，丙做 C 工作，丁做 D 工作，这时总消耗时间最少，即 70h。

对于有 m 个人、n 项任务的一般的指派问题，设：
$$x_{ij}=\begin{cases}1,当指派第 i 人去完成第 j 项任务时\\0,当不指派第 i 人去完成第 j 项任务时\end{cases}$$

设 c_{ij} 为第 i 人去完成 j 项任务的成本（如所需时间、费用等），则一般的指派问题的模型可以写为：

$$\min z=\sum_{i=1}^{m}\sum_{j=1}^{n}c_{ij}x_{ij}$$

$$\text{s.t.}\begin{cases}\sum_{j=1}^{n}x_{ij}\leq 1(i=1,2,\cdots,m)\\\sum_{i=1}^{m}x_{ij}\leq 1(j=1,2,\cdots,n)\\x_{ij}为 0\text{-}1 变量(i=1,2,\cdots,m;j=1,2,\cdots,n)\end{cases}$$

m 不一定等于 n，当 $m>n$，即人数多于任务数时，就有人没有任务，所以前面 m 个约束条件都是"≤ 1"，这是说明每个人至多承担一项任务，而后面 n 个约束条件说明每项工作正好由一人承担，所以都是"$=1$"。当 $m<n$ 时，需要设假想的 $n-m$ 个人，再按 $m=n$ 时的方法计算，可获得可行解。

实际上，不管是 $m=n$，还是 $m>n$ 或者 $m<n$，我们都可以用"管理运筹学"软件中的"指派问题"的程序加以解决，只要输入人数、任务数、每个人完成各项任务的成本，就可立即得到最优解与最优值。

还有一种指派问题叫多重指派问题，它与一般的指派问题的区别在于：一般的指派问题中每个人至多承担一项任务，而多重指派问题中一个人可以根据自己能力的大小承担一项、两项或更多项的任务，这时约束条件中的前 m 个条件不是 $\sum_{j=1}^{n}x_{ij}\leq 1(i=1,2,\cdots,m)$，而改为 $\sum_{j=1}^{n}x_{ij}\leq a_i$ $(i=1,2,\cdots,m)$，其中 a_i 是第 i 个人至多承担的任务的项目数，对于不同的 i，a_i 可以是不一样的。

6.2.4 分布系统设计

例 6-5 某企业在 A_1 地已有一个工厂,其产品的生产能力为 30 千箱,为了扩大生产,该企业打算在 A_2,A_3,A_4,A_5 地中再选择几个地方建厂。已知在 A_2 地建厂的固定成本为 175 千元,在 A_3 地建厂的固定成本为 300 千元,在 A_4 地建厂的固定成本为 375 千元,在 A_5 地建厂的固定成本为 500 千元,另外,A_1 的产量,A_2,A_3,A_4,A_5 建成厂的产量,那时销地的销量以及产地到销地的单位运价(每千箱运费)如表 6-5 所示。

(1) 应该在哪几个地方建厂,在满足销量的前提下,使得其总的固定成本和总的运输费用之和最小?

(2) 如果由于政策要求必须在 A_2,A_3 中选一个地建厂,应在哪个地方建厂?

运输单价表(单位:千元)　　　　　　　　　　　　表 6-5

产地	销地			产量(千箱)
	B_1	B_2	B_3	
A_1	8	4	3	30
A_2	5	2	3	10
A_3	4	3	4	20
A_4	9	7	5	30
A_5	10	4	2	40
销量(千箱)	30	20	20	

解 (1) 设 x_{ij} 为从 A_i 运往 B_j 的运输量(单位:千箱),并令:
$$y_i = \begin{cases} 1, \text{当 } A_i \text{ 厂址被选中时} \\ 0, \text{当 } A_i \text{ 厂址没被选中时} \end{cases}$$

则此问题的固定成本及总运输费最小的目标函数可写为:
$$\min z = 175y_2 + 300y_3 + 375y_4 + 500y_5 + 8x_{11} + 4x_{12} + 3x_{13} + 5x_{21} + 2x_{22} + 3x_{23} +$$
$$4x_{31} + 3x_{32} + 4x_{33} + 9x_{41} + 7x_{42} + 5x_{43} + 10x_{51} + 4x_{52} + 2x_{53}$$

其中:前 4 项为固定投资额,后面的 15 项为运输费用。

对 A_1 厂来说,其产量限制的约束条件可写成:
$$x_{11} + x_{12} + x_{13} \leq 30$$

但是对 A_2,A_3,A_4,A_5 准备选址建设的新厂来说,只有当选为建设厂址才会有生产量,所以它们的产量限制的约束条件写成:
$$x_{21} + x_{22} + x_{23} \leq 10y_2$$
$$x_{31} + x_{32} + x_{33} \leq 20y_3$$
$$x_{41} + x_{42} + x_{43} \leq 30y_4$$
$$x_{51} + x_{52} + x_{53} \leq 40y_5$$

至于满足销量的约束条件,可写为:
$$x_{11} + x_{21} + x_{31} + x_{41} + x_{51} = 30$$

$$x_{12}+x_{22}+x_{32}+x_{42}+x_{52}=20$$
$$x_{13}+x_{23}+x_{33}+x_{43}+x_{53}=20$$

再加上 x_{ij} 为非负整数及 y_i 为 0-1 变量的约束,就得到了此问题的数学模型。

我们可以求得如下最优解:$y_5=1, x_{52}=20, x_{53}=20, x_{11}=30$,其余变量均为 0,目标函数的最优值为 860。

(2)我们只要在(1)的数学模型上加一个约束条件:$y_2+y_3=1$,就得到了问题(2)的数学模型,可求得如下最优解:$y_2=1, y_4=1, x_{22}=10, x_{41}=30, x_{12}=10, x_{13}=20$,其余变量均为 0,目标函数的最优值为 940。

6.2.5 投资问题

例 6-6 某公司在今后五年内考虑给下列项目投资,已知:

项目 A:从第一年到第四年每年年初需要投资,并于次年回收本利 115%,但要求第一年投资最低金额为 4 万元,第二、三、四年不限。

项目 B:第三年初需要投资,到第五年末能回收本利 128%,但规定最低投资金额为 3 万元,最高金额为 5 万元。

项目 C:第二年初需要投资,到第五年末能回收本利 140%,但规定其投资额或为 2 万元,或为 4 万元,或为 6 万元,或为 8 万元。

项目 D:五年内每年初可购买公债,于当年归还,并加利息 6%。此项投资金额不限。

该公司现有资金 10 万元,它应如何确定每年给这些项目的投资额,使到第五年末拥有的资金本利总额最大?

解 (1) $x_{iA}, x_{iB}, x_{iC}, x_{iD}(i=1,2,3,4,5)$ 分别表示第 i 年初给项目 A,B,C,D 的投资额,设 y_{1A}, y_{3B} 是 0-1 变量,并规定:

$$y_{ij}=\begin{cases}1,\text{当第}i\text{年给}j\text{项目投资时}\\0,\text{当第}i\text{年不给}j\text{项目投资时}\end{cases}(i=1,3;j=\text{A},\text{B})$$

设 y_{2C} 是非负整数变量,并规定:

$$y_{2C}=\begin{cases}4,\text{当第}2\text{年投资项目 C 8 万元时}\\3,\text{当第}2\text{年投资项目 C 6 万元时}\\2,\text{当第}2\text{年投资项目 C 4 万元时}\\1,\text{当第}2\text{年投资项目 C 2 万元时}\\0,\text{当第}2\text{年不投资项目 C 时}\end{cases}$$

根据给定条件,将投资额列于表 6-6 中。

投资额表　　　　　　　　　　　　　　　　　　表 6-6

项目	年份				
	1	2	3	4	5
A	x_{1A}	x_{2A}	x_{3A}	x_{4A}	
B			x_{3B}		

续上表

项目	年份				
	1	2	3	4	5
C		$x_{2C}=20000y_{2C}$			
D	x_{1D}	x_{2D}	x_{3D}	x_{4D}	x_{5D}

(2) 写约束条件。

由于项目 D 每年都可以投资,且投资金额不限,当年末可收回本息,所以该公司每年应把所有资金全部投出去,即投资额应等于手中拥有的资金,因此:

第一年,该公司年初拥有 100000 元资金,所以有:

$$x_{1A}+x_{1D}=100000$$

第二年,因第一年给项目 A 的投资要到第二年末才能回收,所以该公司在第二年初只有项目 D 在第一年回收的本息 $x_{1D}(1+6\%)$,于是第二年的投资分配为:

$$x_{2A}+x_{2C}+x_{2D}=1.06x_{1D}$$

第三年,第三年初的资金是项目 A 第一年投资及项目 D 第二年投资所回收的本利总和 $1.15x_{1A}+1.06x_{2D}$,于是第三年的资金分配为:

$$x_{3A}+x_{3B}+x_{3D}=1.15x_{1A}+1.06x_{2D}$$

第四年,同上分析,可得:

$$x_{4A}+x_{4D}=1.15x_{2A}+1.06x_{3D}$$

第五年,同上分析,可得:

$$x_{5D}=1.15x_{3A}+1.06x_{4D}$$

此外,由对项目 A 的投资额的规定可知:

$$x_{1A}\geqslant 40000y_{1A}$$
$$x_{1A}\leqslant 200000y_{1A}$$

从上面的约束条件知道,当 $y_{1A}=0$,即第一年不给 A 项目投资时,有:

$$x_{1A}\geqslant 0$$
$$x_{1A}\leqslant 0$$

即 x_{1A} 必取 0。当 $y_{1A}=1$,即第一年给 A 项目投资时,有:

$$x_{1A}\geqslant 40000$$
$$x_{1A}\leqslant 200000$$

上式中的 200000 是一个足够大的正数,使第一年给 A 项目的投资额不会超过它。

由对项目 B 的投资额的规定同样有:

$$x_{3B}\leqslant 50000y_{3B}$$
$$x_{3B}\geqslant 30000y_{3B}$$

可知:当 $y_{3B}=0$ 时,有 $x_{3B}=0$;当 $y_{3B}=1$ 时,有 $50000\geqslant x_{3B}\geqslant 30000$。

由对项目 C 的投资额的规定也可知:

$$x_{2C}=20000y_{2C}$$
$$y_{2C}\leqslant 4 \text{ 且 } y_{2C} \text{ 为非负整数}$$

(3）目标是要求第五年末手中拥有的资金为最大,目标函数可写为:
$$\max z = 1.15x_{4A} + 1.40x_{2C} + 1.28x_{3B} + 1.06x_{5D}$$
(4）此问题的数学模型如下:
$$\max z = 1.15x_{4A} + 1.40x_{2C} + 1.28x_{3B} + 1.06x_{5D}$$

$$\text{s.t.} \begin{cases} x_{1A} + x_{1D} = 100000 \\ -1.06x_{1D} + x_{2A} + x_{2C} + x_{2D} = 0 \\ -1.15x_{1A} - 1.06x_{2D} + x_{3A} + x_{3B} + x_{3D} = 0 \\ -1.15x_{2A} - 1.06x_{3D} + x_{4A} + x_{4D} = 0 \\ -1.15x_{3A} - 1.06x_{4D} + x_{5D} = 0 \\ x_{1A} - 40000y_{1A} \geq 0 \\ 200000y_{1A} - x_{1A} \geq 0 \\ x_{3B} - 30000y_{3B} \geq 0 \\ 50000y_{3B} - x_{3B} \geq 0 \\ x_{2C} - 20000y_{2C} = 0 \\ y_{2C} \leq 4 \\ x_{iA}, x_{iB}, x_{iC}, x_{iD} \geq 0 (i=1,2,3,4,5) \\ y_{2C} \text{为非负整数} \\ y_{1A}, y_{3B} \text{为 0-1 变量} \end{cases}$$

求得最优值为 147879.22。最优解如下: $x_{2C} = 60000$, $x_{3B} = 49905.641$, $x_{1A} = 43396.23$, $x_{1D} = 56603.77$, $y_{3B} = 1$, $y_{2C} = 3$, $y_{1A} = 1$。

6.3 整数规划的分枝定界法

分枝定界法是一种常用的求解整数规划问题的方法,它既能解决纯整数规划的问题,又能解决混合整数规划的问题。大多数求解整数规划问题的软件就是基于分枝定界法而设计的。

分枝定界法是先求解整数规划相应的线性规划问题,如果其最优解不符合整数条件,则求出整数规划的上下界,并用增加约束条件的方法,把相应的线性规划的可行域分成子区域(称为分枝),再求解这些子区域上的线性规划问题,不断缩小整数规划的上下界的距离,最后取得整数规划的最优解。

现用例 6-7 来加以说明。

例 6-7 用分枝定界法求解下列整数规划问题。
$$\max z = 2x_1 + 3x_2$$

$$\text{s.t.} \begin{cases} 195x_1 + 273x_2 \leq 1365 \\ 4x_1 + 40x_2 \leq 140 \\ x_1 \leq 4 \\ x_1, x_2 \geq 0 \\ x_1, x_2 \text{ 为整数} \end{cases}$$

解 （1）求出相应的线性规划的解，即求解线性规划1：

$$\max z = 2x_1 + 3x_2$$

$$\text{s.t.} \begin{cases} 195x_1 + 273x_2 \leq 1365 \\ 4x_1 + 40x_2 \leq 140 \\ x_1 \leq 4 \\ x_1, x_2 \geq 0 \end{cases}$$

求得其最优目标函数值 $z_1 = 14.66$，最优解 $x_1 = 2.44, x_2 = 3.26$。显然这不是整数规划的可行解。

（2）确定整数规划的最优目标函数值 z^* 初始上界 $\bar{z}$ 和下界 $\underline{z}$。

从性质1可知，线性规划的最优目标函数值 14.66 是该整数规划的最优目标函数值 z^* 的上界 $\bar{z}$，即 $\bar{z} = 14.66$。

再用观察法求出该整数规划的一个可行解，并求得其目标函数值，作为该整数规划的最优目标函数值的下界 $\underline{z}$。因为该整数规划的约束方程的变量系数大于或等于0，且约束不等式都为小于等于号，显然相应线性规划1的最优解用去尾法处理后所得的解一定是整数规划的可行解，即 $x_1 = 2, x_2 = 3$ 是该整数规划的可行解，则得到其目标函数值 $2 \times 2 + 3 \times 3 = 13$ 为其最优目标函数值的下界，即 $\underline{z} = 13$。

（3）将一个线性规划问题分为两枝，并求解。

在线性规划1的最优解的两个非整数变量 $x_1 = 2.44, x_2 = 3.26$ 中挑选一个最远离整数的变量 $x_1 = 2.44$，我们知道，如果 x_1 取整数值，那么 x_1 可以在 $x_1 \leq 2$ 或 $x_1 \geq 3$ 中取值。这样在线性规划1中分别增加上面的两个约束，可将线性规划1分解为两枝：线性规划2和线性规划3。其中：

线性规划2：

$$\max z = 2x_1 + 3x_2$$

$$\text{s.t.} \begin{cases} 195x_1 + 273x_2 \leq 1365 \\ 4x_1 + 40x_2 \leq 140 \\ x_1 \leq 4 \\ x_1 \leq 2 \\ x_1, x_2 \geq 0 \end{cases}$$

求得最优目标函数值 $z_2 = 13.90$，其最优解 $x_1 = 2, x_2 = 3.30$。

线性规划3：

$$\max z = 2x_1 + 3x_2$$

$$\text{s.t.} \begin{cases} 195x_1 + 273x_2 \leq 1365 \\ 4x_1 + 40x_2 \leq 140 \\ x_1 \leq 4 \\ x_1 \geq 3 \\ x_1, x_2 \geq 0 \end{cases}$$

求得最优目标函数值 $z_3 = 14.58$，其最优解 $x_1 = 3, x_2 = 2.86$。

(4) 修改整数规划的最优目标函数值 z^* 的上、下界。

从(3)可知当 $x_1 \leq 2$ 时，整数规划的最优目标函数值不会超过 13.90。而当 $x_1 \geq 3$ 时，整数规划的最优目标函数值不会超过 14.58。综上可知，不论 x_1 取什么值，即取消对 x_1 的额外的限制，该整数规划的最优目标函数值不会超过 14.58，这样我们可以将其上界 $\bar{z} = 14.66$ 修改为 $\bar{z} = 14.58$，即取线性规划2和线性规划3的最优目标函数值的较大值。

从线性规划2中可知存在整数规划可行解 $x_1 = 2, x_2 = 3$，其目标函数值为 $2 \times 2 + 3 \times 3 = 13$，从线性规划3中可知存在整数规划可行解 $x_1 = 3, x_2 = 2$，其目标函数值为 $2 \times 3 + 3 \times 2 = 12$，同样取消对 x_1 的额外限制，可知在该整数规划中存在可行解 $x_1 = 2, x_2 = 3$，其目标函数值为 13。

注意在分枝定界求解过程中，为了求出最优整数解，我们要不断缩小其最优目标函数值上界与下界的距离，故要通过分枝使得其上界越来越小、下界则越来越大。

通过对上、下界的修改，上、下界的距离有所缩小，但 $\bar{z} \neq \underline{z}$，所以还要继续分枝。

(5) 在线性规划2与线性规划3中选择一个上界较大的线性规划，即线性规划3进行分枝。线性规划3的最优解为 $x_1 = 3, x_2 = 2.86$，显然 $x_2 = 2.86$ 与整数距离最远，把 x_2 分成 $x_2 \leq 2$ 和 $x_2 \geq 3$ 这两种情况，将线性规划3分解成线性规划4与线性规划5：

线性规划4：

$$\max z = 2x_1 + 3x_2$$

$$\text{s.t.} \begin{cases} 195x_1 + 273x_2 \leq 1365 \\ 4x_1 + 40x_2 \leq 140 \\ x_1 \leq 4 \\ x_1 \geq 3 \\ x_2 \leq 2 \\ x_1, x_2 \geq 0 \end{cases}$$

求得此线性规划的最优目标函数值 $z_4 = 14$，其最优解 $x_1 = 4, x_2 = 2$。

线性规划5：

$$\max z = 2x_1 + 3x_2$$

$$\text{s.t.} \begin{cases} 195x_1 + 273x_2 \leq 1365 \\ 4x_1 + 40x_2 \leq 140 \\ x_1 \leq 4 \\ x_1 \geq 3 \\ x_2 \geq 3 \\ x_1, x_2 \geq 0 \end{cases}$$

线性规划5无整数可行解。

(6) 进一步修改整数规划的最优目标函数值 z^* 的上、下界。

由于线性规划1分枝为线性规划2与线性规划3,而线性规划3又分枝为线性规划4和线性规划5,也就是线性规划1分枝为线性规划2、线性规划4、线性规划5。我们从线性规划2、线性规划4、线性规划5来进一步修改整数规划的最优目标函数值 z^* 的上、下界。

因为线性规划2的最优目标函数值为13.90,线性规划4的最优目标函数值为14,而线性规划5无整数可行解,所以整数规划的最优目标值 z^* 的上界可修改为14,即 $\overline{z}=14$,即取线性规划2、线性规划4、线性规划5的最优目标函数值的最大值。

又因为在线性规划2中存在整数可行解 $x_1=2, x_2=3$,其目标函数值为13,在线性规划4中存在整数可行解 $x_1=4, x_2=2$,其目标函数值为14,而线性规划5无整数可行解,可知整数规划的最优目标函数值 z^* 的下界可修改为14,即 $\underline{z}=14$,取线性规划2、线性规划4、线性规划5中的整数可行解的目标函数值的最大值。

归纳有如下性质2。

性质2 当整数规划的最优目标函数值 z^* 的上界 $\overline{z}$ 等于其下界 $\underline{z}$ 时,该整数规划的最优解已被求出,这个整数规划的最优解即为其目标函数值取此下界的对应线性规划的整数可行解。

在例6-7中由于 $\overline{z}=\underline{z}=14$,可知此整数规划的最优目标函数值 $z^*=14$,其最优解为 $x_1=4, x_2=2$。

用图6-2表示例6-7的求解过程与求解结果。

从以上解题过程可得用分枝定界法求解目标函数值最大的整数规划的步骤。

将求解的整数规划问题称为问题A,将与其相应的线性规划问题称为问题B。

第一步,求解问题B,可得以下情况之一:

(1) B没有可行解,则A也没有可行解,求解过程停止。

(2) B有最优解,且符合问题A的整数条件,则B的最优解即为A的最优解,求解过程停止。

(3) B有最优解,但不符合A的整数条件,记其目标函数值为 z_1。

第二步,确定A的最优目标函数值 z^* 的上、下界,其上界即为 z_1, $\overline{z}=z_1$,再用观察法找到A的一个整数可行解,求其目标函数值作为 z^* 的下界,记为 $\underline{z}$。

第三步,判断 $\overline{z}$ 是否等于 $\underline{z}$。如果 $\overline{z}=\underline{z}$,则整数规划的最优解即为其目标函数值等于 $\underline{z}$ 的

整数可行解。如果 $\bar{z} \neq \underline{z}$，则进行第四步工作。

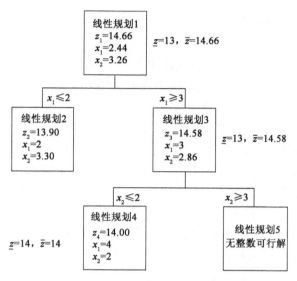

图 6-2 例 6-7 的求解过程与求解结果

第四步，在 B 的最优解中选一个最远离整数的变量，不妨设此变量为 $x_j = b_j$，以 $[b_j]$ 表示小于 b_j 的最大整数，构造两个约束条件：

$$x_j \leqslant [b_j]$$
$$x_j \geqslant [b_j] + 1$$

将这两个约束条件分别加入问题 B，得到 B 的两个分枝 B_1 和 B_2。

第五步，求解分枝 B_1，B_2。

修改 A 的最优目标函数值 z^* 的上界 $\bar{z}$ 和下界 $\underline{z}$。

取 B_1，B_2 的最优目标函数值的较大值作为新的上界 $\bar{z}$ 的值。

用观察法取 B_1，B_2 中的各一个整数可行解并选择其中一个较大的目标函数值作为新的下界 $\underline{z}$ 的值。

第六步，比较与剪枝。各分枝的最优目标函数中若有小于 $\underline{z}$ 者，则剪掉这枝（打×），即以后不再考虑。若大于 $\bar{z}$，则不符合整数条件，并重复第三步至第六步，直至 $\bar{z} = \underline{z}$，求出最优解为止。

对于求目标函数值最小的整数规划的求解步骤，与上述步骤基本相似，只是：

（1）把 B 的最优解作为整数规划最优目标函数值 z^* 的下界 $\underline{z}$。把 B 中的一个整数可行解的目标函数值作为 z^* 的上界 $\bar{z}$。

（2）在第五步中，应取 B_1，B_2 的最优目标函数值的较小值作为新的下界 $\underline{z}$ 的值。同时取 B_1，B_2 中的各一个整数可行解并选择其中一个较大的目标函数值作为新的上界 $\bar{z}$ 的值。

如用分枝定界法求解混合整数问题，则分枝过程只针对有整数要求的变量进行，而不管没有整数要求的变量怎样取值，其求解过程基本上与纯整数规划的求解过程相同。

6.4 0-1规划的解法

由于0-1规划的每一个变量的取值只限于0和1，因此求解0-1规划问题，我们最容易想到的方法就是穷举法，即检查每个变量取值为0或1的所有组合，找出满足全部约束条件的所有组合，并比较目标函数的值，以求得最优解。对于变量个数为n，约束条件为m个的0-1规划，变量的取值有2^n个组合。我们要进行2^n乘m次计算以检查是否满足约束条件，同时还要进行2^n次目标函数值的计算，并比较。当n比较大时，这种方法几乎是不可能实现的。例如，当$n=10$，$m=5$时，我们就要进行$2^{10}=1024$次目标函数值的计算和$1024\times5=5120$次约束条件的检查。因此，产生了隐枚举法，即只要检查全部变量组合中的部分，就能求得问题的最优解。分枝定界法也是一种隐枚举法。

下面，我们以一个求目标函数最大值、一个求目标函数最小值的两个问题为例，来说明0-1规划的一种隐枚举法的思路和解法。

例6-8 求解以下0-1规划问题。

$$\max z = 4x_1 + x_2 + 5x_3$$

$$\text{s.t.} \begin{cases} 2x_1 + 3x_2 - x_3 \leq 3 & (1) \\ x_1 + 3x_2 + 2x_3 \geq 2 & (2) \\ x_1 + 2x_2 \leq 2 & (3) \\ 3x_1 + 2x_2 + x_3 \geq 2 & (4) \\ x_i = 1 \text{ 或 } 0 (i=1,2,3) \end{cases}$$

解 求解时，先试探着找出一个可行解，容易看到$\boldsymbol{x}_1 = (0,1,1)^T$，算得$z_1 = 6$。

这是一个求最大值的问题，当然希望目标函数值越大越好，则增加一个约束条件：

$$4x_1 + x_2 + 5x_3 \geq 6 \quad (0)$$

后加的约束条件称为过滤条件，原问题的约束条件就变成了5个。这样好像增加了检查可行性的工作量。其实，由于目标函数值本来就要计算，计算量并没有增加。该题用穷举法，3个变量共有$2^3=8$个解。原来有4个约束条件，因此需要做$8\times4=32$次运算，加上目标函数值的计算，共计算40次。增加过滤条件(0)，按以下方法即可减少运算次数：将5个约束条件按(0)~(4)的顺序排好，如表6-7所示，将8个解依次代入约束条件的左侧，求出其目标函数值，看其是否符合过滤条件。如不符合就不必再检查其他约束条件。同样，在依次检查其他约束条件时，若前面的条件不合适就不必再检查后面的条件，由此减少了运算次数。计算过程如表6-7所示，实际运算次数为13次。

例6-8 计算过程-1　　　　　　　　　　　　表6-7

解 (x_1, x_2, x_3)	约束条件左边值					是否满足条件		z值
	(0)	(1)	(2)	(3)	(4)	是(√)	否(×)	
(1,1,1)	10	4					×	
(1,1,0)	5						×	

续上表

解 (x_1,x_2,x_3)	约束条件左边值					是否满足条件		z 值
	(0)	(1)	(2)	(3)	(4)	是(√)	否(×)	
(1,0,1)	9	1	3	1	4	√		9
(1,0,0)	4						×	
(0,1,1)	6						×	
(0,1,0)	1						×	
(0,0,1)	5						×	
(0,0,0)	0						×	

在运算过程中,若遇到某一可行解的 z 值超过条件(0)的右边值,应改变条件(0),使右边值为迄今为止的最大值。如表 6-7 所示,当检查到点 (1,0,1) 时, $z=9$,所以将条件(0)换成:
$$4x_1+x_2+5x_3 \geq 9$$

点 (0,1,1) 虽然满足 $4x_1+x_2+5x_3 \geq 6$,但由于过滤条件的改变,它就不是可行解了,不用对其进一步检查。对过滤条件的改进,减少了计算量。

在求最大值问题的计算过程中,可以按目标函数系数的大小以递减顺序排列。在例 6-8 中,目标函数可重新改写为 $z=5x_3+4x_1+x_2$ 。由于该问题的目标函数的最大值不会超过 $z=10$ (即 $x_3=1,x_1=1,x_2=1$ 时),又因为 $x_3=1,x_1=1,x_2=1$ 不是可行解,故最大值也就不会超过 $z=9$ (即 $x_3=1,x_1=1,x_2=0$ 时)。可验证 $x_3=1,x_1=1,x_2=0$ 为可行解,故它也是该问题的最优解。

在例 6-8 中:
$$\max z = 5x_3+4x_1+x_2$$
$$\text{s. t.} \begin{cases} 5x_3+4x_1+x_2 \geq 6 & (0) \\ -x_3+2x_1+3x_2 \leq 3 & (1) \\ 2x_3+x_1+3x_2 \geq 2 & (2) \\ x_1+2x_2 \leq 2 & (3) \\ x_3+3x_1+2x_2 \geq 2 & (4) \\ x_i=1 \text{ 或 } 0 (i=1,2,3) \end{cases}$$

计算过程见表 6-8。

例 6-8 计算过程-2 表 6-8

解 (x_3,x_1,x_2)	约束条件左边值					是否满足条件		z 值
	(0)	(1)	(2)	(3)	(4)	是(√)	否(×)	
(1,1,1)	10	4					×	
(1,1,0)	9	1	3	1	4	√		9

可见这样的计算就更加简化了,只运算了 7 次。

例 6-9 求解以下 0-1 规划问题。
$$\min z = 5x_1+3x_2+x_3$$

$$\text{s.t.} \begin{cases} 3x_1 - 2x_2 + 5x_3 \leq 6 & (1) \\ 4x_1 + 4x_2 + 3x_3 \geq 3 & (2) \\ 2x_1 + x_2 + x_3 \geq 2 & (3) \\ x_i = 1 \text{ 或 } 0 \, (i=1,2,3) \end{cases}$$

解 此问题是求目标函数的最小值。

目标函数仍按 x_i 系数的递减顺序排列。此题已这样排列,无须改变。由上式可知,目标函数值的下限为 $z=0$ [即 $\boldsymbol{x}=(0,0,0)^{\mathrm{T}}$ 时]。其余 z 值由低到高依次为 $z=1$ [即 $\boldsymbol{x}=(0,0,1)^{\mathrm{T}}$ 时]、$z=3$ [即 $\boldsymbol{x}=(0,1,0)^{\mathrm{T}}$ 时]……为找出可行解,逐渐增加过滤条件(即目标函数)的右边值。只要一找到可行解,该解即为最优解。

计算过程如表6-9 所示。

例6-9 计算过程　　　　表6-9

解 (x_1, x_2, x_3)	约束条件左边值				是否满足条件		z值
	(0)	(1)	(2)	(3)	是(√)	否(×)	
(0,0,0)	0	0	0	0		×	
(0,0,1)	1	5	3	1		×	
(0,1,0)	3	−2	4	1		×	
(0,1,1)	4	3	7	2	√		4

这样,我们求得了最优解 $\boldsymbol{x}=(0,1,1)^{\mathrm{T}}$。这时,$z=4$。

习题

1. 求解下列整数规划问题。

(1)
$$\max z = 5x_1 + 8x_2$$
$$\text{s.t.} \begin{cases} x_1 + x_2 \leq 6 \\ 5x_1 + 9x_2 \leq 45 \\ x_1, x_2 \geq 0, \text{且} x_1, x_2 \text{为整数} \end{cases}$$

(2)
$$\max z = 3x_1 + 2x_2$$
$$\text{s.t.} \begin{cases} 2x_1 + 3x_2 \leq 14 \\ 2x_1 + x_2 \leq 9 \\ x_1, x_2 \geq 0, \text{且} x_1 \text{为整数} \end{cases}$$

(3)
$$\max z = 7x_1 + 9x_2 + 3x_3$$
$$\text{s.t.} \begin{cases} -x_1 + 3x_2 + x_3 \leq 7 \\ 7x_1 + x_2 + 3x_3 \leq 38 \\ x_1, x_2, x_3 \geq 0, \text{且} x_1 \text{为整数}, x_3 \text{为0-1变量} \end{cases}$$

2. 现要将一些不同类型的货物装到一条货船上。这些货物的单位质量、单位体积、冷藏要求、可燃性指数都不相同,见表6-10。该船可以装载的总质量为400000kg,总体积为50000m³,

可以冷藏的总体积为 10000m³，容许的可燃性指数的总和不能超过 750。请制订装载方案使得装载的货物取得最大的价值(注：装到船上的各种货物的件数只能是整数)。

货物数据　　　　　　　　　　　　　　　　表 6-10

货号	单位质量(kg)	单位体积(m³)	冷藏要求	可燃性指数	价值
1	20	1	需要	0.1	5
2	5	2	不要	0.2	10
3	10	3	不要	0.4	15
4	12	4	需求	0.1	18
5	25	5	不要	0.2	25

3. 三年内有五项工程可以考虑施工。每项工程的期望收入和年度费用(万元)及可用基金如表 6-11 所示。已知每一项工程一旦被选定都需要三年时间完成，请选出使三年后总收入最大的那些工程。

工程相关数据　　　　　　　　　　　　　　表 6-11

工程	费用(万元)			收入(万元)
	第一年	第二年	第三年	
1	5	1	8	20
2	4	7	10	40
3	3	9	2	20
4	7	4	1	15
5	8	6	10	30
可用基金(万元)	25	25	25	

4. 某公司需要制造 2000 件某种产品，这种产品可利用 A,B,C 设备的任意一个设备加工，已知每种设备的生产准备费用，生产该产品的单件耗电量、成本，以及每种设备的最大加工数量如表 6-12 所示。

产品生产相关数据　　　　　　　　　　　　表 6-12

设备	生产准备费(元)	耗电量(kW·h/件)	生产成本(元/件)	生产能力(件)
A	100	0.5	7	800
B	300	1.8	2	1200
C	200	1.0	5	1400

(1) 如果总用电量限制在 2000kW·h，请制订一个成本最低的生产方案。
(2) 如果总用电量限制在 2500kW·h，请制订一个成本最低的生产方案。
(3) 如果总用电量限制在 2800kW·h，请制订一个成本最低的生产方案。
(4) 如果总用电量没有限制，请制订一个成本最低的生产方案。

5. 一个公司考虑在北京、上海、广州和武汉四个城市设立库房，这些库房负责向华北、华中、华南三个地区供货,每个库房每月可处理货物 1000 件。设库房每月成本:北京为 4.5 万元,上海为 5 万元,广州为 7 万元,武汉为 4 万元。每个地区的月平均需求量为:华北地区 500 件,华中地区 800 件,华南地区 700 件。发运货物的费用(元/件)如表 6-13 所示。

发运货物的费用(单位:元/件) 表 6-13

库房	供货地		
	华北地区	华中地区	华南地区
北京	200	400	500
上海	300	250	400
广州	600	350	300
武汉	350	150	350

公司希望在满足地区需求的条件下使平均月成本最小,且要满足以下条件:

(1) 如果在上海设库房,则必须也在武汉设库房。

(2) 最多设两个库房。

(3) 武汉和广州不能同时设库房。

请写一个满足上述要求的整数规划的模型,并求出最优解。

6. 安排 4 名工人去做 4 项不同的工作。每名工人完成每项工作所消耗的时间(单位:min)如表 6-14 所示。

每名工人完成每项工作耗时(单位:min) 表 6-14

工人	工作			
	A	B	C	D
甲	20	19	20	28
乙	18	24	27	20
丙	26	16	15	18
丁	17	20	24	19

(1) 应指派哪名工人去完成哪项工作,可使总的消耗时间最少?

(2) 如果把(1)中的消耗时间数据看成创造效益的数据,那么应如何指派,可使得总的效益最大?

(3) 如果在(1)中再增加一项工作 E,甲、乙、丙、丁四人完成工作 E 的时间分别为 17min、20min、15min、16min,那么应指派这四个人做哪四项工作,使得这四人总的消耗时间最少?

(4) 如果在(1)中再增加一名工人戊,他们完成 A、B、C、D 工作的时间分别为 17min、20min、15min、16min,那么应指派哪四个人去做这四项工作,使得总的消耗时间最少?

7. 某航空公司经营 A、B、C 三个城市之间的航线,每天班机起飞与到达的城市和时间如表 6-15 所示。设飞机在机场停留损失费用大致与停留时间的平方成正比,每架飞机从降落到下一班起飞至少需要 2h 准备时间,请用指派问题的方法,求出一个使停留损失费用最小的飞行方案。

各航班起飞与到达的城市和时间　　　　　　　　　　表6-15

航班号	起飞城市	起飞时间	到达城市	到达时间
101	A	9:00	B	12:00
102	A	10:00	B	13:00
103	A	15:00	B	18:00
104	A	20:00	C	24:00
105	A	22:00	C	2:00（次日）
106	B	4:00	A	7:00
107	B	11:00	A	14:00
108	B	15:00	A	18:00
109	C	7:00	A	11:00
110	C	15:00	A	19:00
111	B	13:00	C	18:00
112	B	18:00	C	23:00
113	C	15:00	B	20:00
114	C	7:00	B	12:00

第 7 章

动态规划

动态规划是解决多阶段决策过程最优化问题的一种方法。这种方法把困难的多阶段决策问题变换成一系列互相联系的较容易的单阶段决策问题,解决了这一系列较容易的单阶段决策问题,也就解决了对应的难度大的多阶段决策问题。

用动态规划可以解决管理中的最短路问题、装载问题、库存问题、资源分配问题、生产过程最优化问题。

根据时间参量是离散的还是连续的,可以把动态规划的模型分为离散决策过程和连续决策过程;根据决策过程的演变是确定性的还是随机性的,动态规划又可分为确定性的决策过程和随机性的决策过程;组合起来就有离散确定性、离散随机性、连续确定性、连续随机性四种决策过程。本章主要介绍离散确定性的决策过程。

7.1 多阶段决策过程最优化问题举例——最短路问题

例 7-1 如图 7-1 所示,给定一个运输网络,两点之间连线上的数字表示两点间的距离,试求一条从 A 到 E 的运输线路,使总距离最短。

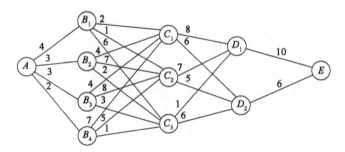

图 7-1 例 7-1 图

第7章 动态规划

解 为了解决这个问题,首先来定义一下阶段。定义第一阶段是以 A 点为始点,而以距离 A 点正好一个弧远的点(B_1,B_2,B_3,B_4)为终点;第二阶段是以与 A 点距离一个弧远的点(B_1,B_2,B_3,B_4)为始点,以与 A 点距离两个弧远的点(C_1,C_2,C_3)为终点;第三阶段是以与 A 点距离两个弧远的点(C_1,C_2,C_3)为始点,以与 A 点距离三个弧远的点(D_1,D_2)为终点;第四阶段是以与 A 点距离三个弧远的点(D_1,D_2)为始点,以与 A 点距离四个弧远的点(E)为终点。显然这是一个四阶段决策过程的最优化问题。用动态规划来解这个问题,就是把这个四阶段的决策问题化成一系列较容易解决的单阶段决策的问题,当然每个单阶段的决策是整个决策过程的一个环节,因为它不仅影响该阶段的效果(距离),还会影响下阶段的初始状态(从哪一点出发)。

在决策过程中我们将用到最优化原理,这个最优化原理在最短路上的应用可阐述如下:

从最短路上的每一点到终点的部分道路,也一定是从该点到终点的最短路。

下面来求解例 7-1。从最后一个阶段开始,从终点向始点方向逐阶段逆推,找出各点到终点的最短路,当逆推到始点时,也即找到了从始点到终点的全过程的最短路,这种从后向前逆推的方法叫作逆序解法。

(1)第四阶段。

从第四阶段开始,在第四阶段中有两个始点 D_1 和 D_2,终点只有 E。这样不管始点是 D_1 还是 D_2,最佳终点都将选择 E,并知道从 D_1 到 E 的距离为 10,从 D_2 到 E 的距离为 6,这样虽然不知道全过程的最短路是否经过 $D_1(D_2)$,但如果此最短路经过 $D_1(D_2)$,那么此最短路的下一步必是从 $D_1(D_2)$ 到 E。第四阶段结果我们用表 7-1 表示。

第四阶段结果   表 7-1

本阶段始点(状态)	本阶段各终点(决策)	到 E 的最短距离	本阶段最优终点(最优决策)
	E		
D_1	10	10	E
D_2	6	6	E

(2)第三阶段。

在第三阶段中有三个始点 C_1,C_2,C_3,终点有 D_1 和 D_2。以 C_1 为始点,如果 C_1 经 D_1 到 E,则从 C_1 到 E 的距离为 $8+10=18$;如果 C_1 经 D_2 到 E,则从 C_1 到 E 的距离为 $6+6=12$。显然以 C_1 为始点,必选择 D_2 为终点。虽然不知道全过程的最短路是否经过 C_1,但如果此最短路经过 C_1,则此最短路必走 C_1—D_2—E 的路线,同样可以对 C_2,C_3 进行类似的讨论,结果见表 7-2。

第三阶段结果   表 7-2

本阶段始点(状态)	本阶段各终点(决策)		到 E 的最短距离	本阶段最优终点(最优决策)
	D_1	D_2		
C_1	$8+10=18$	$6+6=12$	12	D_2
C_2	$7+10=17$	$5+6=11$	11	D_2

续上表

本阶段始点(状态)	本阶段各终点(决策)		到 E 的最短距离	本阶段最优终点(最优决策)
	D_1	D_2		
C_3	1 + 10 = 11	6 + 6 = 12	11	D_1

从表 7-2 知,如果全过程的最短路经过 C_2,则此最短路必走 C_2—D_2—E 的路线;如果全过程的最短路经过 C_3,则此最短路必走 C_3—D_1—E 的路线。

(3)第二阶段。

在第二阶段中有四个始点 B_1,B_2,B_3,B_4,终点有 C_1,C_2,C_3。以 B_1 为始点,如果 B_1 经 C_1 到 E,则从 B_1 到 E 的距离为 2 + 12 = 14;如果 B_1 经 C_2 到 E,则从 B_1 到 E 的距离为 1 + 11 = 12;如果 B_1 经 C_3 到 E,则从 B_1 到 E 的距离为 6 + 11 = 17。显然以 B_1 为始点,必选择 C_2 为终点。虽然不知道全过程的最短路是否经过 B_1,但如果经过 B_1,则此最短路必走 B_1—C_2—D_2—E。同样可以对 B_2,B_3,B_4 进行类似的讨论,结果见表 7-3。

第二阶段结果　　　　表 7-3

本阶段始点(状态)	本阶段各终点(决策)			到 E 的最短距离	本阶段最优终点(最优决策)
	C_1	C_2	C_3		
B_1	2 + 12 = 14	1 + 11 = 12	6 + 11 = 17	12	C_2
B_2	4 + 12 = 16	7 + 11 = 18	2 + 11 = 13	13	C_3
B_3	4 + 12 = 16	8 + 11 = 19	3 + 11 = 14	14	C_3
B_4	7 + 12 = 19	5 + 11 = 16	1 + 11 = 12	12	C_3

从表 7-3 可知,如果全过程的最短路经过 B_2,则此最短路必走 B_2—C_3—D_1—E;如果全过程的最短路经过 B_3,则此最短路必走 B_3—C_3—D_1—E;如果全过程的最短路经过 B_4,则此最短路必走 B_4—C_3—D_1—E。

(4)第一阶段。

在第一阶段中只有一个始点 A,终点有 B_1,B_2,B_3,B_4。以 A 为始点,如果 A 经 B_1 到 E,则从 A 到 E 的距离为 4 + 12 = 16;如果 A 经 B_2 到 E,则从 A 到 E 的距离为 3 + 13 = 16;如果 A 经 B_3 到 E,则从 A 到 E 的距离为 3 + 14 = 17;如果 A 经 B_4 到 E,则从 A 到 E 的距离为 2 + 12 = 14。结果如表 7-4 所示。

第一阶段结果　　　　表 7-4

本阶段始点(状态)	本阶段各终点(决策)				到 E 的最短距离	本阶段最优终点(最优决策)
	B_1	B_2	B_3	B_4		
A	4 + 12 = 16	3 + 13 = 16	3 + 14 = 17	2 + 12 = 14	14	B_4

综上,得到了此问题最短路为 A—B_4—C_3—D_1—E,该最短路的长度为 14。

利用动态规划的方法，不仅求出了全过程的最短路，还求出了图上的任何一点到 E 的最短路。例如要求 B_2 到 E 的最短路，由表 7-3 可知 B_2 到 E 的最短距离为 13，最短路为 B_2—C_3—D_1—E（关于 C_3—D_1，查看表 7-2；关于 D_1—E，查看表 7-1）。把每一点到 E 的最短距离标在每个点上，如图 7-2 所示。

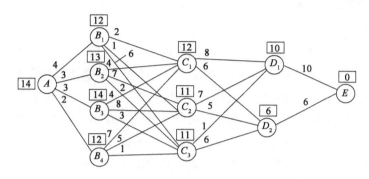

图 7-2　例 7-1 分析结果

7.2　基本概念、基本方程与最优化原理

7.2.1　基本概念

1. 阶段

用动态规划方法求解问题时，首先将问题的全过程适当地分成若干个互相联系的阶段，以便能按一定的次序去求解。一般是根据时间与空间的自然特征去划分阶段，如例 7-1 就是按照与 A 点的距离划分为四个阶段。

2. 状态

状态是指每个阶段开始时所处的自然状况或客观条件。在例 7-1 中某个阶段的状态就是某个阶段的始点。它既是这个阶段的始点又是前一个阶段的终点，通常第 n 阶段有若干个状态，我们用状态变量 s_n 来描述它，在例 7-1 中第 2 阶段有 4 个状态（始点），即状态变量 s_2 可取 4 个值 B_1,B_2,B_3,B_4，记为 $s_2=\{B_1,B_2,B_3,B_4\}$。

3. 决策

决策是某一阶段内的抉择，第 n 阶段的决策与第 n 个阶段的状态有关，通常用 $x_n(s_n)$ 表示第 n 阶段处于 s_n 状态时的决策变量，而这个决策又决定了第 $(n+1)$ 阶段的状态。以例 7-1 为例，$x_2(B_1)=C_2$ 表示第 2 阶段处于以 B_1 为始点的状态下选择了由 B_1 到 C_2 的决策（即选择 C_2 为第 2 阶段的终点）。当然在第 n 阶段在某种状态下可以有不同的决策，可以是 $x_2(B_1)=C_1$，也可以是 $x_2(B_1)=C_3$。

4. 策略

所有各阶段的决策组成的决策函数序列称为全过程策略,简称策略,记为 $p_{1,n}(s_1)$。能够达到总体最优的策略叫作最优策略。从第 k 个阶段开始到最后阶段的决策组成的决策函数序列称为 k 子过程策略,简称 k 子策略,记为 $p_{k,n}(s_k)$。

5. 指标函数

指标函数是衡量全过程策略或 k 子过程策略优劣的数量指标,指标函数的最优值称为最优指标函数值,记作 $f_1(s_1)$ 或 $f_k(s_k)$,其中 $f_1(s_1)$ 为全过程上的最优指标函数值,$f_k(s_k)$ 为 k 子过程上的最优指标函数值。在例 7-1 中,指标函数是指从某点到终点的距离,其最优指标函数值是指从某点到终点的最短距离。从图 7-2 可知 $f_1(s_1)=f_1(A)=14$,$f_2(B_2)=13$,$f_3(C_3)=11$,即从 A 到终点 E 的最短距离为 14,从 B_2 到终点 E 的最短距离为 13,从 C_3 到终点 E 的最短距离为 11。把第 j 阶段的阶段指标记为 $r_j(s_j,x_j)$,它表示在第 j 阶段的 s_j 的状态下作出 x_j 决策的指标值。在例 7-1 中 $r_2(B_3,C_2)=8$,它表示在第 2 阶段以 B_3 为始点,选择 C_2 为终点,则从 B_3 到 C_2 的距离为 8。

6. 状态转移方程

已知第 $(n+1)$ 阶段的状态是由第 n 阶段的状态和第 n 阶段的决策所决定的,用方程的形式表示这种关系为:

$$s_{n+1}=T_n(s_n,x_n)$$

此方程称为状态转移方程,其中函数关系 T_n 因问题的不同而不同。例如在例 7-1 中:

$$s_3=C_1=T_2(B_2,C_1)$$

表示当第 2 阶段的状态(始点)为 B_2,决策(终点)为 C_1 时,则第 3 阶段的状态(始点)为 C_1。

7.2.2 基本方程

对于 n 阶段的动态规划问题,在求子过程上的最优指标函数时,k 子过程与 $(k+1)$ 过程有如下递推关系:

$$\begin{cases} f_k(s_k)=\min\{r_k(s_k,x_k)+f_{k+1}(s_{k+1})\} & (k=n,n-1,\cdots,2,1) \\ f_{n+1}(x_{n+1})=0 \end{cases}$$

其中第一式子里的求最小值是指在 s_k 的状态下,在所有作出的各种决策 x_k 中,取一个第 k 阶段的指标值 $r_k(s_k,x_k)$ 与以 x_k 为第 $(k+1)$ 阶段的状态的 $(k+1)$ 子过程的最优指标函数值之和中的最小值,在例 7-1 中从图 7-2 中可知:

$$f_2(B_1)=\min\{r_2(B_1,x_2)+f_3(s_3)\}$$

$$=\min\begin{cases} r_2(B_1,C_1)+f_3(C_1) \\ r_2(B_1,C_2)+f_3(C_2) \\ r_2(B_1,C_3)+f_3(C_3) \end{cases}$$

$$= \min\begin{Bmatrix} 2+12 \\ 1+11 \\ 6+11 \end{Bmatrix} = \min\begin{Bmatrix} 14 \\ 12 \\ 17 \end{Bmatrix} = 12$$

对于求指标函数最大的动态规划问题的基本方程,则把 min 改为 max 就行了。

7.2.3 最优化原理

整个过程的最优策略具有如下性质:不管在此最优策略上的某个状态以前的状态和决策如何,对该状态来说,以后的所有决策必定构成最优子策略。也就是说,最优策略的任一子策略都是最优的。对最短路问题来说,即为从最短路上的任一点到终点的部分道路(最短路上的子路)也一定是从该点到终点的最短路(最短子路)。

7.3 动态规划应用

7.3.1 资源分配问题

例 7-2 某公司拟将 5 台某种设备,分配给所属的甲、乙、丙 3 个工厂,各工厂获得此设备后,预测可创造的利润如表 7-5 所示,这 5 台设备应如何分配给这 3 个工厂,使得所创造的总利润最大?

工厂可创造的利润(单位:万元)　　　　　　　　表 7-5

设备台数	工厂		
	甲	乙	丙
0	0	0	0
1	3	5	4
2	7	10	6
3	9	11	11
4	12	11	12
5	13	11	12

解 将问题按工厂分为三个阶段,甲、乙、丙 3 个工厂分别编号为 1,2,3。设:

s_k = 分配给第 k 个工厂至第 3 个工厂的设备台数(k = 1,2,3)

x_k = 分配给第 k 个工厂的设备台数

已知 $s_1 = 5$,并有:

$$s_2 = T_1(s_1, x_1) = s_1 - x_1$$
$$s_3 = T_2(s_2, x_2) = s_2 - x_2$$

从 s_k 与 x_k 的定义可知:

$$s_3 = x_3$$

以下我们从第三阶段开始计算。

(1) 第三阶段。

显然将 $s_3(s_3 = 0,1,2,3,4,5)$ 台设备都分配给第 3 个工厂时,也就是 $s_3 = x_3$ 时,第三阶段的指标值(即第 3 个工厂的盈利值)为最大,即:

$$\max_{x_3} r_3(s_3, x_3) = r_3(s_3, s_3)$$

由于第三阶段是最后的阶段,故有:

$$f_3(s_3) = \max_{x_3} r_3(s_3, x_3) = r_3(s_3, s_3)$$

其中 x_3 可取值为 $0,1,2,3,4,5$。其数值计算见表 7-6。

例 7-2 数值计算表(一) 表 7-6

s_3	$r_3(s_3,x_3)$						$f_3(s_3)$	x_3^*
	$x_3=0$	$x_3=1$	$x_3=2$	$x_3=3$	$x_3=4$	$x_3=5$		
0	0	—	—	—	—	—	0	0
1	—	4	—	—	—	—	4	1
2	—	—	6	—	—	—	6	2
3	—	—	—	11	—	—	11	3
4	—	—	—	—	12	—	12	4
5	—	—	—	—	—	12	12	5

其中 x_3^* 表示取 3 子过程上最优指标函数值 $f_3(s_3)$ 时的 x_3 的决策即为最优决策,例如由表 7-6 可知当 $s_3 = 4$ 时,有 $r_3(4,4) = 12$,有 $f_3(4) = 12$,此时 $x_3^* = 4$,即当 $s_3 = 4$ 时,此时取 $x_3 = 4$(把 4 台设备分配给第 3 个工厂)是最优决策,此时阶段指标值(盈利值)为 12,3 子过程最优指标函数值也为 12。

(2) 第二阶段。

当把 $s_2(s_2 = 0,1,2,3,4,5)$ 台设备分配给第 2 个工厂和第 3 个工厂时,则对每个 s_2 值,有一种最优分配方案,使最大盈利值即 2 子过程最优指标函数值为:

$$f_2(s_2) = \max_{x_2} \{r_2(s_2, x_2) + f_3(s_3)\}$$

因为 $s_3 = s_2 - x_2$,上式也可写成:

$$f_2(s_2) = \max_{x_2} \{r_2(s_2, x_2) + f_3(s_2 - x_2)\}$$

其中 x_2 可取值为 $0,1,2,3,4,5$。其数值计算如表 7-7 所示。

例 7-2 数值计算表(二) 表 7-7

s_2	$r_2(s_2,x_2) + f_3(s_2-x_2)$						$f_2(s_2)$	x_2^*
	$x_2=0$	$x_2=1$	$x_2=2$	$x_2=3$	$x_2=4$	$x_2=5$		
0	$\overline{0+0}$	—	—	—	—	—	0	0
1	0+4	$\overline{5+0}$	—	—	—	—	5	1
2	0+6	5+4	$\overline{10+0}$	—	—	—	10	2

续上表

s_2	$r_2(s_2,x_2)+f_3(s_2-x_2)$						$f_2(s_2)$	x_2^*
	$x_2=0$	$x_2=1$	$x_2=2$	$x_2=3$	$x_2=4$	$x_2=5$		
3	0+11	5+6	$\overline{10+4}$	11+0	—	—	14	2
4	0+12	$\overline{5+11}$	$\overline{10+6}$	11+4	11+0	—	16	1,2
5	0+12	5+12	$\overline{10+11}$	11+6	11+4	11+0	21	2

在 $s_2=4$ 的这一行里,当 $x_2=1$ 时,$r_2(s_2,x_2)+f_3(s_2-x_2)=r_2(4,1)+f_3(4-1)=r_2(4,1)+f_3(3)=5+11=16$,这里 $r_2(4,1)$ 指把 1 台设备交给乙厂所得盈利数,从表 7-5 可知 $r_2(4,1)=5$,这里 $f_3(4-1)=f_3(3)$,从表 7-6 查 $f_3(3)$ 即可知 $f_3(3)=11$。同样当 $x_2=2$ 时,可知 $r_2(s_2,x_2)+f_3(s_2-x_2)=r_2(4,2)+f_3(4-2)=r_2(4,2)+f_3(2)=10+6=16$;当 $x_2=0$ 时,$r_2(4,0)+f_3(4-0)=0+12=12$;当 $x_2=3$ 时,$r_2(4,3)+f_3(4-3)=11+4=15$;当 $x_2=4$ 时,$r_2(4,4)+f_3(4-4)=11+0=11$;由于 $s_2=4$,不可能分 2 厂 5 台设备,故 $x_2=5$ 时,$r_2(4,5)+f_3(4-5)$ 栏空着不填。从这些数值中取最大值即得 $f_2(4)=16$。在此行中在取最大值的 $r_2(s_2,x_2)+f_3(s_2-x_2)$ 上面加一横以示区别,也可知这时的最优决策为 x_2 取 1 或 2。

(3)第一阶段。

把 $s_1=5$ 台设备分配给第 1、第 2、第 3 工厂时,最大盈利为:

$$f_1(5)=\max_{x_1}\{r_1(5,x_1)+f_2(5-x_1)\}$$

其中 x_1 可取值 0,1,2,3,4,5。数值计算见表 7-8。

例 7-2 数值计算表(三) 表 7-8

s_1	$r_1(5,x_1)+f_2(5-x_1)$						$f_1(s_1)$	x_1^*
	$x_1=0$	$x_1=1$	$x_1=2$	$x_1=3$	$x_1=4$	$x_1=5$		
5	$\overline{0+21}$	3+16	$\overline{7+14}$	9+10	12+5	13+0	21	0,2

然后按计算表格的顺序推算,可知最优分配方案有两个:

(1)由于 $x_1^*=0$,根据 $s_2=s_1-x_1^*=5-0=5$,查表 7-7 可知 $x_2^*=2$,再由 $s_3=s_2-x_2^*=5-2=3$,求得 $x_3^*=s_3=3$,即分配给甲厂 0 台设备,乙厂 2 台设备,丙厂 3 台设备。

(2)由于 $x_1^*=2$,根据 $s_2=s_1-x_1^*=5-2=3$,查表 7-7 可知 $x_2^*=2$,再由 $s_3=s_2-x_2^*=3-2=1$,求得 $x_3^*=s_3=1$,即分配给甲厂 2 台设备,乙厂 2 台设备,丙厂 1 台设备。

这两种分配方案都能得到最高的总盈利 21 万元。

7.3.2 背包问题

所谓背包问题,指对于 N 种具有不同质量和不同价值的物品,在携带物品总质量受限的情况下,决定将多少数量的这 N 种物品装入背包,使得装入背包物品的总价值最大。

例 7-3 某咨询公司有 10 个工作日可以去处理四种类型的咨询项目,每种类型咨询项目中待处理的客户数量、处理每个客户所需工作日数以及所获得的利润如表 7-9 所示。显然该公司在10天内不能处理完所有的客户,它可以自己挑选一些客户,其余的请其他咨询公司去做,该咨询公司应如何选择客户使得在这10个工作日中获利最大?

例 7-3 数据　　　　　表 7-9

咨询项目类型	待处理客户数	处理每个客户所需工作日数	处理每个客户所获利润
1	4	1	2
2	3	3	8
3	2	4	11
4	2	7	20

解 用动态规划来求解此题。把此问题分成四个阶段,第一阶段将决策处理多少个第一类咨询项目类型中的客户,第二阶段将决策处理多少个第二类咨询项目类型中的客户,第三阶段、第四阶段也将作出类似的决策。设:

s_k = 分配给第 k 类咨询项目到第四类咨询项目的所有客户的
总工作日数(第 k 阶段的状态变量)

x_k = 在第 k 类咨询项目中处理客户的数量(第 k 阶段的决策变量)

已知 $s_1 = 10$,并有:

$$s_2 = T_1(s_1, x_1) = s_1 - x_1$$
$$s_3 = T_2(s_2, x_2) = s_2 - 3x_2$$
$$s_4 = T_3(s_3, x_3) = s_3 - 4x_3$$

从 s_k 与 x_k 的定义可知 $s_4 \geqslant 7x_4$。

(1) 第四阶段。

显然将 s_4 个工作日 ($s_4 = 0, 1, \cdots, 10$) 尽可能分配给第四类咨询项目,即 $x_4 = [s_4/7]$ 时,第四阶段的指标值最大,其中,$[s_4/7]$ 表示取不大于 $s_4/7$ 的最大整数,符号 [ ] 为取整数符号,故有:

$$\max_{x_4} r_4(s_4, x_4) = r_4(s_4, [s_4/7])$$

由于第四阶段是最后的阶段,故有:

$$f_4(s_4) = \max_{x_4} r_4(s_4, x_4) = r_4(s_4, [s_4/7])$$

因为 s_4 至多为 10,所以 x_4 的取值可为 0 或 1,其数值计算见表 7-10。

例 7-3 数值计算表(一)　　　　　表 7-10

s_4	$r_4(s_4, x_4)$		$f_4(s_4)$	x_4^*
	$x_4 = 0$	$x_4 = 1$		
0	$\bar{0}$	—	0	0
1	$\bar{0}$	—	0	0
2	$\bar{0}$	—	0	0
3	$\bar{0}$	—	0	0
4	$\bar{0}$	—	0	0
5	$\bar{0}$	—	0	0

续上表

s_4	$r_4(s_4,x_4)$		$f_4(s_4)$	x_4^*
	$x_4=0$	$x_4=1$		
6	$\overline{0}$	—	0	0
7	0	$\overline{20}$	20	1
8	0	$\overline{20}$	20	1
9	0	$\overline{20}$	20	1
10	0	$\overline{20}$	20	1

（2）第三阶段。

当把 $s_3(s_3=0,1,2,3,\cdots,10)$ 个工作日分配给第四类和第三类咨询项目时，则对每个 s_3 值都有一种最优分配方案，使其最大盈利值即 3 子过程最优指标函数值为：

$$f_3(s_3) = \max_{x_3}\{r_3(s_3,x_3) + f_4(s_4)\}$$

因为 $s_4 = s_3 - 4x_3$，故有：

$$f_3(s_3) = \max_{x_3}\{r_3(s_3,x_3) + f_4(s_3 - 4x_3)\}$$

因为 s_3 至多为 10，所以 x_3 的取值只能为 0,1,2，其数值计算见表 7-11。

例 7-3 数值计算表（二）   表 7-11

s_3	$r_3(s_3,x_3)+f_4(s_3-4x_3)$			$f_3(s_3)$	x_3^*
	$x_3=0$	$x_3=1$	$x_3=2$		
0	$\overline{0+0}$	—	—	0	0
1	$\overline{0+0}$	—	—	0	0
2	$\overline{0+0}$	—	—	0	0
3	$\overline{0+0}$	—	—	0	0
4	$0+0$	$\overline{11+0}$	—	11	1
5	$0+0$	$\overline{11+0}$	—	11	1
6	$0+0$	$\overline{11+0}$	—	11	1
7	$\overline{0+20}$	$11+0$	—	20	0
8	$0+20$	$11+0$	$\overline{22+0}$	22	2
9	$0+20$	$11+0$	$\overline{22+0}$	22	2
10	$0+20$	$11+0$	$\overline{22+0}$	22	2

（3）第二阶段。

同样对每个 s_2 值都有一种最优分配方案，使其最大盈利值即 2 子过程最优指标函数值为：

$$f_2(s_2) = \max_{x_2}\{r_2(s_2,x_2) + f_3(s_3)\}$$

因为 $s_3 = s_2 - 3x_2$，故有：

$$f_2(s_2) = \max_{x_2}\{r_2(s_2,x_2) + f_3(s_2 - 3x_2)\}$$

因为 s_2 至多为 10，所以 x_2 的取值只能为 0,1,2,3，其数值计算见表 7-12。

例 7-3 数值计算表(三)　　表 7-12

s_2	$r_2(s_2,x_2)+f_3(s_2-3x_2)$				$f_2(s_2)$	x_2^*
	$x_2=0$	$x_2=1$	$x_2=2$	$x_2=3$		
0	$\overline{0+0}$	—	—	—	0	0
1	$\overline{0+0}$	—	—	—	0	0
2	$\overline{0+0}$	—	—	—	0	0
3	$0+0$	$\overline{8+0}$	—	—	8	1
4	$\overline{0+11}$	$8+0$	—	—	11	0
5	$\overline{0+11}$	$8+0$	—	—	11	0
6	$0+11$	$8+0$	$\overline{16+0}$	—	16	2
7	$\overline{0+20}$	$8+11$	$16+0$	—	20	0
8	$\overline{0+22}$	$8+11$	$16+0$	—	22	0
9	$0+22$	$8+11$	$16+0$	$\overline{24+0}$	24	3
10	$0+22$	$\overline{8+20}$	$16+11$	$24+0$	28	1

(4) 第一阶段。

已知 $s_1=10$,又因为 $s_2=s_1-x_1$,同样有:

$$f_1(s_1)=\max_{x_1}\{r_1(s_1,x_1)+f_2(s_1-x_1)\}$$

$$f_1(10)=\max_{x_1}\{r_1(s_1,x_1)+f_2(s_1-x_1)\}$$

因为 $s_1=10$,且第一类咨询项目的待处理客户总数为 4,故 x_1 可取值为 0,1,2,3,4,其数值计算见表 7-13。

例 7-3 数值计算表(四)　　表 7-13

s_1	$r_1(10,x_1)+f_2(10-x_1)$					$f_1(s_1)$	x_1^*
	$x_1=0$	$x_1=1$	$x_1=2$	$x_1=3$	$x_1=4$		
10	$\overline{0+28}$	$2+24$	$4+22$	$6+20$	$8+16$	28	0

从表 7-13 可知 $f_1(10)=28$,$x_1^*=0$,从而得 $s_2=10-x_1^*=10-0=10$;从表 7-12 的 $s_2=10$ 的这一行可知 $x_2^*=1$,得 $s_3=s_2-3x_2^*=10-3=7$;再由表 7-11 的 $s_3=7$ 的这一行可知 $x_3^*=0$,得 $s_4=s_3-4x_3^*=7-0=7$;查表 7-10 的 $s_4=7$ 的这一行得 $x_4^*=1$。综上所述得最优解为:$x_1=0$,$x_2=1$,$x_3=0$,$x_4=1$,此时最大盈利值为 28。

现在不妨假设该咨询公司的工作计划有所改变,只有 8 个工作日而不是 10 个工作日来处理这四类咨询项目,那么该咨询公司该如何选择客户使得获利最大呢?不必从头开始重做这个问题,而只要在第一阶段把 s_1 变成 8,重新计算就可得到结果,如表 7-14 所示,这是用动态规划解题的一个好处。

重新计算　　表 7-14

s_1	$r_1(8,x_1)+f_2(8-x_1)$					$f_1(s_1)$	x_1^*
	$x_1=0$	$x_1=1$	$x_1=2$	$x_1=3$	$x_1=4$		
8	$\overline{0+22}$	$\overline{2+20}$	$4+16$	$6+11$	$8+11$	22	0,1

同理可从表 7-14、表 7-12、表 7-11、表 7-10 得到如下两组最优解：

$$\text{I}: \begin{cases} x_1 = 0 \\ x_2 = 0 \\ x_3 = 2 \\ x_4 = 0 \end{cases} \quad \text{II}: \begin{cases} x_1 = 1 \\ x_2 = 0 \\ x_3 = 0 \\ x_4 = 1 \end{cases}$$

它们的最优指标函数值（即最大盈利值）都为 22。

一旦咨询公司的工作日不是减少而是增加了，那么不仅要重新计算第一阶段，而且要在第二、第三、第四阶段的计算表上补上增加的工作日的新的信息，这样也可得到新的结果。

实际上，背包问题也可以用整数规划来求解，如果背包携带物品质量的限制为 W，这 N 种物品中第 i 种物品的质量为 w_i，价值为 c_i，第 i 种物品的总数量为 n_i，可以设 x_i 表示携带第 i 种物品的数量，则其数学模型为：

$$\max f = \sum_{i=1}^{n} c_i x_i$$

$$\text{s.t.} \begin{cases} \sum_{i=1}^{n} w_i x_i \leq W \\ x_i \leq n_i \ (i = 1, 2, \cdots, N) \\ x_i \geq 0 \ \text{且为整数} \end{cases}$$

不妨用此模型去求解例 7-3，也一定能得出同样的结果。

7.3.3 生产与存储问题

例 7-4 某公司为主要电力公司生产大型变压器，由于电力公司采取预订方式购买，所以该公司可以预测未来几个月的需求量。为确保需求，该公司为新的一年前四个月制订一项生产计划，这四个月的需求量如表 7-15 所示。生产成本随着生产数量而变化。调试费为 4，除了调试费外，每月生产的前两台变压器各自的花费为 2，后两台变压器各自的花费为 1。最大生产能力每月为 4 台，生产总成本如表 7-16 所示。每台变压器在仓库中由这个月存到下个月的储存费为 1，仓库的最大储存能力为 3 台。另外，知道在 1 月 1 日时仓库里存有 1 台变压器，要求在 4 月 30 日仓库的库存量为 0。该公司应如何制订生产计划，使得这四个月的生产成本和储存总费用最少？

每月变压器需求量　　　　　　　　　　　　　　　　　　　　表 7-15

月份 n	需求量（台）
1	2
2	4
3	1
4	3

生产总成本　　　　　　　　　　　　　　　　　表 7-16

生产台数	总成本
0	0
1	6
2	8
3	9
4	10

解 按月份来划分阶段,第 i 个月为第 i 阶段($i=1,2,3,4$)。设:

s_k 为第 k 阶段期初库存量,$k=1,2,3,4$;

x_k 为第 k 阶段生产量,$k=1,2,3,4$;

d_k 为第 k 阶段需求量,$k=1,2,3,4$,见表 7-15;

c_k 为第 k 阶段生产成本,$k=1,2,3,4$,见表 7-16;

h_k 为第 k 阶段储存费,$k=1,2,3,4$。

因为下个月的库存量等于上个月的库存量加上个月的产量减上个月的需求量,于是得到了如下状态转移方程:

$$s_2 = s_1 + x_1 - d_1$$

因为 $s_1 = 1$,故有:

$$s_2 = 1 + x_1 - d_1$$
$$s_3 = s_2 + x_2 - d_2$$
$$s_4 = s_3 + x_3 - d_3$$
$$s_5 = s_4 + x_4 - d_4$$

因为 $s_5 = 0$,故有:

$$0 = s_4 + x_4 - d_4$$

由于必须满足需求,则有:

$$s_k + x_k \geq d_k (k = 1,2,3,4)$$

通过移项得到:

$$x_k \geq d_k - s_k$$

另外,第 k 阶段的生产量 x_k 必不大于同期的生产能力(4 台),也不大于第 k 阶段至第四阶段的需求之和与第 k 阶段期初库存量之差,否则第 k 阶段的生产量就要超过从第 k 阶段至第四阶段的总需求,故有:

$$x_k \leq \min\{(\sum_{i=k}^{4} d_i) - s_k, 4\}$$

(1)第四阶段。

从上述状态转移方程 $0 = s_4 + x_4 - d_4$,可知 $x_4 = d_4 - s_4 = 3 - s_4$,这样就有:

$$f_4(s_4) = \min_{x_4} r_4(s_4, x_4) = r_4(s_4, 3 - s_4)$$

这里的阶段指标 $r_n(s_n, x_n)$ 可以分成两部分,即生产成本与储存费,即为:

$$r_n(s_n, x_n) = c_n(x_n) + h_n(s_n, x_n)$$

由于第四阶段末要求库存为 0,即有 $h_4(s_4,x_4)=1\times 0=0$,这样可得:
$$f_4(s_4)=r_4(s_4,3-s_4)=c_4(3-s_4)+h_4(s_4,3-s_4)=c_4(3-s_4)$$
对于每个 s_4 的可行值,$f_4(s_4)$ 的值列于表 7-17。

例 7-4 计算表(一) 表 7-17

s_4	$r_4(s_4,3-s_4)=c_4(3-s_4)$				$f_4(s_4)$	x_4^*
	$x_4=0$	$x_4=1$	$x_4=2$	$x_4=3$		
0	—	—	—	9	9	3
1	—	—	8	—	8	2
2	—	6	—	—	6	1
3	0	—	—	—	0	0

表中,当 $s_4=0$ 时,可知第四阶段要生产 $x_4=3-s_4=3$ 台变压器,从表 7-16 可知总成本为 9,同样可以算出当 s_4 分别为 1,2,3 时的情况,结果已列于表 7-17 中。

(2)第三阶段。

此时有:
$$r_3(s_3,x_3)=c_3(x_3)+h_3(s_3,x_3)=c_3(x_3)+1\times(s_3+x_3-d_3)$$
因为 $s_4=s_3+x_3-d_3$,以及 $d_3=1$,所以有:
$$f_3(s_3)=\min_{1-s_3\leqslant x_3\leqslant \min(4-s_3,4)}\{c_3(x_3)+1\times(s_3+x_3-1)+f_4(s_4)\}$$
$$=\min_{1-s_3\leqslant x_3\leqslant \min(4-s_3,4)}\{c_3(x_3)+1\times(s_3+x_3-1)+f_4(s_3+x_3-1)\}$$

例如,当第三阶段初库存量 $s_3=1$,生产量 $x_3=2$ 时,则 $s_3+x_3-d_3=1+2-1=2$,所以生产成本为 8,第三阶段末库存量为 2 时,储存费为 $1\times 2=2$,而 $f_4(s_4)=f_4(s_3+x_3-d_3)=f_4(2)$,查表 7-17 可知 $f_4(2)=6$,这样可知 $r_3(1,2)+f_4(2)=8+2+6=16$,填入表 7-18 中 $s_3=1,x_3=2$ 栏内,其他结果如表 7-18 所示。

例 7-4 计算表(二) 表 7-18

s_3	$r_3(s_3,x_3)+f_4(s_3+x_3-1)$					$f_3(s_3)$	x_3^*
	$x_3=0$	$x_3=1$	$x_3=2$	$x_3=3$	$x_3=4$		
0	—	6+0+9	8+1+8	9+2+6	$\overline{10+3+0}$	13	4
1	$\overline{0+0+9}$	6+1+8	8+2+6	9+3+0	—	9	0
2	$\overline{0+1+8}$	6+2+6	8+3+0	—	—	9	0
3	$\overline{0+2+6}$	6+3+0	—	—	—	8	0

(3)第二阶段。

因为 $d_2=4,s_3=s_2+x_2-d_2$,所以有:
$$f_2(s_2)=\min_{4-s_2\leqslant x_2\leqslant \min(8-s_2,4)}\{r_2(s_2,x_2)+f_3(s_3)\}$$
$$=\min_{4-s_2\leqslant x_2\leqslant \min(8-s_2,4)}\{c_2(x_2)+h_2(s_2,x_2)+f_3(s_3)\}$$
$$=\min_{4-s_2\leqslant x_2\leqslant \min(8-s_2,4)}\{c_2(x_2)+1\times(s_2+x_2-d_2)+f_3(s_2+x_2-d_2)\}$$
$$=\min_{4-s_2\leqslant x_2\leqslant \min(8-s_2,4)}\{c_2(x_2)+1\times(s_2+x_2-4)+f_3(s_2+x_2-4)\}$$

计算结果如表 7-19 所示。

例 7-4 计算表（三） 表 7-19

s_2	$r_2(s_2,x_2)+f_3(s_2+x_2-4)$					$f_2(s_2)$	x_2^*
	$x_2=0$	$x_2=1$	$x_2=2$	$x_2=3$	$x_2=4$		
0	—	—	—	—	$\overline{10+0+13}$	23	4
1	—	—	—	$9+0+13$	$\overline{10+1+9}$	20	4
2	—	—	$8+0+13$	$\overline{9+1+9}$	$10+2+9$	19	3
3	—	$6+0+13$	$\overline{8+1+9}$	$9+2+9$	$10+3+8$	18	2

(4) 第一阶段。

因为 $d_1=2, s_1=1, s_2=s_1+x_1-d_1$，故有：
$$f_1(s_1)=f_1(1)=\min_{1\leqslant x_1\leqslant 4}\{r_1(s_1,x_1)+f_2(s_2)\}$$
$$=\min_{1\leqslant x_1\leqslant 4}\{c_1(x_1)+1\times(1+x_1-2)+f_2(1+x_1-2)\}$$

计算结果如表 7-20 所示。

例 7-4 计算表（四） 表 7-20

s_1	$r_1(s_1,x_1)+f_2(s_1+x_1-2)$					$f_1(s_1)$	x_1^*
	$x_1=0$	$x_1=1$	$x_1=2$	$x_1=3$	$x_1=4$		
1	—	$\overline{6+0+23}$	$\overline{8+1+20}$	$9+2+19$	$10+3+18$	29	1,2

利用递推关系可以从表 7-20、表 7-19、表 7-18 和表 7-17 得到以下两组最优解：

$$\text{I}:\begin{cases}x_1=1\\x_2=4\\x_3=4\\x_4=0\end{cases}\quad \text{II}:\begin{cases}x_1=2\\x_2=4\\x_3=0\\x_4=3\end{cases}$$

这时有最低总成本 29。

 习题

1. 石油输送管道铺设最优方案的选择问题：如图 7-3 所示，其中 A 为出发点，E 为目的地，B,C,D 为三个必须建立油泵加压站的地区，其中的 $B_1,B_2,B_3;C_1,C_2,C_3;D_1,D_2$ 分别为可供选择的各地区站点。图中的线段表示管道可铺设的位置，线段旁的数字为铺设管线所需要的费用。问：如何铺设管道使总费用最小？

2. 某公司有资金 400 万元，向 A,B,C 三个项目追加投资，三个项目可以有不同的投资额度，相应的效益值如表 7-21 所示。问：如何分配资金使总效益值最大？

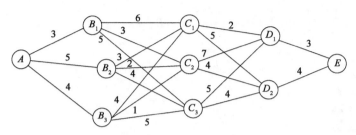

图 7-3 石油输送管道线路

投资效益值(单位:万元)　　　　　　　　　　　　　表 7-21

项目	投资额				
	0	1	2	3	4
A	47	51	59	71	76
B	49	52	61	71	78
C	46	70	76	88	88

3. 某公司与用户签订了 4 个月的交货合同,如表 7-22 所示。该公司的最大生产能力为每月 4 百台,该厂的存货能力为 3 万台。已知每百台的生产费用为 20000 元,在进行生产的月份,工厂要支出固定费用 8000 元,仓库的保管费每百台每月 2000 元。假定开始时及 4 月交货后都无存货,问:各月应生产多少台产品,才能在满足交货任务的前提下使得总费用最小?

交货合同　　　　　　　　　　　　　　　　　　　表 7-22

月份	合同数量(百台)
1	1
2	2
3	5
4	3

4. 某工厂生产三种产品,各产品的质量与利润的关系如表 7-23 所示。现将三种产品运往市场出售,运输总量不超过 10t,问:应如何安排运输使得总利润最大?

产品质量与利润的关系　　　　　　　　　　　　　　表 7-23

种类	质量(t)	利润(元/t)
1	2	100
2	3	140
3	4	180

第 8 章

图与网络模型

借助图与网络模型及其分析技术可以成功地解决很多管理问题，例如运输系统的设计、信息系统的设计以及工程进度安排问题。本章将介绍如何用图与网络模型解决最短路、最小生成树、最大流以及最小费用最大流的问题。

8.1 图与网络的基本概念

图论中图是由点和边构成的，可以反映一些对象之间的关系。

例如，在一个人群中，不同人相互认识的情况（关系）可以用图来表示，图 8-1 就是一个表示这种关系的图。

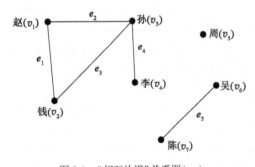

图 8-1 "相互认识"关系图（一）

在图 8-1 中，用七个点分别表示赵、钱、孙、李、周、吴、陈等七人。图论中的点通常记为 v_i，故这七人分别用 $v_1, v_2, \cdots, v_7$ 表示。用这七个点之间的连线来反映他们之间相互认识的关系，这样的连线称为边，图论中的边通常记为 e_i，故这些边分别用 $e_1, e_2, \cdots, e_7$ 表示，例如图 8-1 中赵与钱有连线而赵与周没有连线，说明赵与钱相互认识，而赵与周互相不认识。从这个例子可以看到，图可以很好地描述、刻画、反映对象之间的特定关系，如果我们用语言文字而不是用图来描述和反映图 8-1 中七个人的关系，那么我们可能要费很多的口舌，花很多的笔墨而不见得能达到图 8-1 的简单明了的效果。当然图论不仅要描述对象之间的关系，还要研究特定关系之间的内在规律。在一般情况下图中点的相对位置如何、点与点之间连线的长短曲直，对于反映对象之间的关系并不重要，如对赵等七人的相互认识的关系我们也可以用图 8-2 来表示，可见图论的图与几何图、工程图是不一样的。

如果我们把上面的例子中"相互认识"的关系改成"认识"的关系，那么只用两点的连线就很难刻画他们之间的关系。例如周认识赵，而赵却不认识周，这时可以引入一个带箭头的连线，称为弧。图论中的弧通常记为 a_i，对于周认识赵我们可以用一条箭头对着赵的弧来表示，图 8-3 就是一个反映这七人"认识"关系的图。

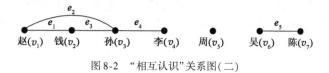

图 8-2 "相互认识"关系图（二）

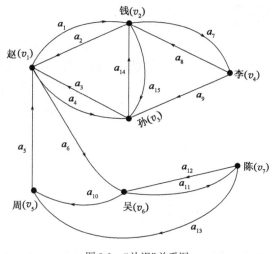

图 8-3 "认识"关系图

在图 8-3 中，"相互认识"用两条反向的弧来表示。"A 认识 B"，用一条连接 A,B 的箭头指向 B 的弧来表示。

我们把像图 8-1、图 8-2 那样由点和边构成的图叫作无向图（简称图），记为 $G=(V,E)$，其中 V 是图 G 的点集合，E 是图 G 的边集合；把像图 8-3 那样由点和弧构成的图叫作有向图，记为 $D=(V,A)$，其中 V 为图 D 的点集合，A 为图 D 的弧集合。无向图是一种特殊的有向图，无向图的边实际就是等价两条反向的弧。

在无向图 G 中，如果存在一个点边的交错序列 $(v_{i_1}, e_{i_1}, v_{i_2}, e_{i_2}, \cdots, v_{i_{k-1}}, e_{i_{k-1}}, v_{i_k})$，其中 $v_{i_t}(t=1,2,\cdots,k)$ 都是图 G 的点，$e_{i_t}(t=1,2,\cdots,k-1)$ 都是图 G 的边，并有边 e_{i_t} 的起点为 v_{i_t}，终点为 $v_{i_{t+1}}$，记为 $e_{i_t}=(v_{i_t}, v_{i_{t+1}})$，则称这个点边的交错序列为连接 v_{i_1} 和 v_{i_k} 的链，记为 $(v_{i_1}, v_{i_2}, \cdots, v_{i_k})$。若 $v_{i_1}=v_{i_k}$，则称之为圈。例如在图 8-1 中，(v_1,v_2,v_3) 就是一条链，而 (v_1,v_2,v_3,v_1) 就是一个圈。对一个无向图 G，若任何两个不同的点之间至少存在一条链，则称 G 是连通图。

在有向图 D 中，如果存在一个点弧的交错序列 $(v_{i_1}, a_{i_1}, v_{i_2}, a_{i_2}, \cdots, v_{i_{k-1}}, a_{i_{k-1}}, v_{i_k})$，其中 $v_{i_t}(t=1,2,\cdots,k)$ 都是图 G 的点，$a_{i_t}(t=1,2,\cdots,k-1)$ 都是图 D 的弧，并有弧 a_{i_t} 的始点为 v_{i_t}，终点为 $v_{i_{t+1}}$，记为 $a_{i_t}=(v_{i_t}, v_{i_{t+1}})$，则称这个点弧的交错序列为从 v_{i_1} 到 v_{i_k} 的一条路，记为 $(v_{i_1}, v_{i_2}, \cdots, v_{i_k})$。若路的第一个点和最后一点相同，则称之为回路。例如在图 8-3 中，$(v_2,v_3,v_1,v_6,v_7,v_5)$ 就是从 v_2 到 v_5 的一条路，而 (v_1,v_6,v_7,v_5,v_1) 就是一个回路。

对于一个无向图 G 的每一条边 (v_i,v_j)，相应地有一个数 w_{ij}，则称这样的图 G 为赋权图，w_{ij}

称为边(v_i,v_j)上的权。

同样地，对于有向图 D 的每一条弧，相应地有一个数 c_{ij}，也称这样的图 D 为赋权图，c_{ij} 称为弧(v_i,v_j)上的权。

我们在赋权的有向图 D 中指定了一点，称为发点(记为 v_s)，指定另一点为收点(记为 v_t)，其余的点称为中间点，并把 D 中的每一条弧的赋权数 c_{ij} 称为弧(v_i,v_j)的容量。这样的赋权有向图 D 就称为网络。

8.2 最短路问题

最短路问题是对一个赋权的有向图 D(其赋权根据具体问题的要求可以是路程的长度、成本的花费等)中指定的两个点 v_s 和 v_t 找到一条从 v_s 到 v_t 的路，使得这条路上所有弧的权数的总和最小，这条路被称为从 v_s 到 v_t 的最短路，这条路上所有弧的权数的总和被称为从 v_s 到 v_t 的距离。

在第 7 章用动态规划的方法解决了一个赋权无向图的最短路问题，现在用图和网络方法来解决一般的最短路问题。

8.2.1 求解最短路的 Dijkstra 算法

Dijkstra 算法适用于每条弧的赋权数 c_{ij} 都大于 0 的情况，Dijkstra 算法也称为双标号法。所谓双标号，就是对图中的点 v_j 赋予两个标号(l_j,k_j)，第一个标号 l_j 表示从起点 v_s 到 v_j 的最短路的长度，第二个标号 k_j 表示在 v_s 至 v_j 的最短路上 v_j 前面一个邻点的下标，从而找到 v_s 到 v_t 的最短路及 v_s 与 v_t 的距离。

现在给出此算法的基本步骤：

(1) 给起点 v_1 标以$(0,s)$，表示从 v_1 到 v_1 的距离为 0，v_1 为起点。

(2) 找出已标号的点的集合 I，没标号的点的集合 J，以及弧的集合 $\{(v_i,v_j)\mid v_i\in I,v_j\in J\}$，这里这个弧的集合是指所有从已标号的点到未标号的点的弧的集合。

(3) 如果上述弧的集合是空集，则计算结束。如果 v_t 已标号(l_t,k_t)，则 v_s 与 v_t 的距离即为 l_t，而从 v_s 到 v_t 的最短路，则可以从 k_t 反向追踪到起点 v_s 而得到。如果 v_t 未标号，则可以断言不存在从 v_s 到 v_t 的有向路。

如果上述弧的集合不是空集，则转下一步。

(4) 对上述弧的集合中的每一条弧，计算：

$$s_{ij}=l_i+c_{ij}$$

在所有的 s_{ij} 中，找到其值最小的弧，不妨设此弧为(v_c,v_d)，则给此弧的终点以双标号(s_{cd},c)，返回步骤(2)。

若在步骤(4)中，使得 s_{ij} 值最小的弧有多条，则这些弧的终点既可以任选一个标定，也可以都予以标定，若这些弧中的有些弧的终点为同一点，则此点应有多个双标号，以便最后可找到多条最短路。

例 8-1　求图 8-4 中 v_1 到 v_6 的最短路。

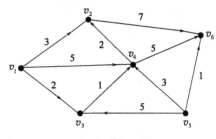

图 8-4　例 8-1 图

解　(1)给起点 v_1 标以 $(0,s)$，表示从 v_1 到 v_1 的距离为 0，v_1 为起点。

(2)这时已标定点的集合 $I=\{v_1\}$，未标定点的集合 $J=\{v_2,v_3,v_4,v_5,v_6\}$，弧的集合 $\{(v_i,v_j)\mid v_i\in I,v_j\in J\}=\{(v_1,v_2),(v_1,v_3),(v_1,v_4)\}$，并有：

$$s_{12}=l_1+c_{12}=0+3=3$$
$$s_{13}=l_1+c_{13}=0+2=2$$
$$s_{14}=l_1+c_{14}=0+5=5$$
$$\min(s_{12},s_{13},s_{14})=s_{13}=2$$

这样给弧 (v_1,v_3) 的终点 v_3 标以 $(2,1)$ 表示从 v_1 到 v_3 的距离为 2，并且在 v_1 到 v_3 的最短路上 v_3 的前面一个点是 v_1。

(3)这时 $I=\{v_1,v_3\}$，$J=\{v_2,v_4,v_5,v_6\}$，弧的集合 $\{(v_i,v_j)\mid v_i\in I,v_j\in J\}=\{(v_1,v_2),(v_1,v_4),(v_3,v_4)\}$，并有：

$$s_{34}=l_3+c_{34}=2+1=3$$
$$\min(s_{12},s_{14},s_{34})=s_{12}=s_{34}=3$$

这样给弧 (v_1,v_2) 的终点 v_2 标以 $(3,1)$ 表示从 v_1 到 v_2 的距离为 3，并且在 v_1 到 v_2 的最短路上 v_2 的前面一个点是 v_1；给弧 (v_3,v_4) 的终点 v_4 标以 $(3,3)$ 表示从 v_1 到 v_4 的距离为 3，并且在 v_1 到 v_4 的最短路上 v_4 的前面一个点是 v_3。

(4)这时 $I=\{v_1,v_2,v_3,v_4\}$，$J=\{v_5,v_6\}$，弧的集合 $\{(v_i,v_j)\mid v_i\in I,v_j\in J\}=\{(v_2,v_6),(v_4,v_6)\}$，并有

$$s_{26}=l_2+c_{26}=3+7=10$$
$$s_{46}=l_4+c_{46}=3+5=8$$
$$\min(s_{26},s_{46})=s_{46}=8$$

这样给点 v_6 标以 $(8,4)$，表示从 v_1 到 v_6 的距离是 8，并且在 v_1 到 v_6 的最短路上 v_6 的前面一个点是 v_4。

(5)这时 $I=\{v_1,v_2,v_3,v_4,v_6\}$，$J=\{v_5\}$，弧的集合 $\{(v_i,v_j)\mid v_i\in I,v_j\in J\}=\varnothing$，计算结束。

此时 $J=\{v_5\}$，也即 v_5 还未标号，说明从 v_1 到 v_5 没有有向路。

(6)得到了一族最优结果。

根据终点 v_6 的标号 $(8,4)$ 可知从 v_1 到 v_6 的距离是 8，其最短路径中 v_6 的前面一点是 v_4，从 v_4 的标号 $(3,3)$ 可知 v_4 的前面一点是 v_3，从 v_3 的标号 $(2,1)$ 可知 v_3 的前面一个点为 v_1，即此最短路径为 $v_1 \to v_3 \to v_4 \to v_6$。

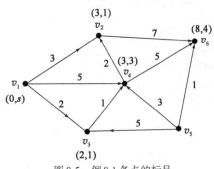

图 8-5 例 8-1 各点的标号

同样,可以从各点 v_i 的标号得到 v_1 到 v_i 的距离及 v_1 到 v_i 的最短路,由于 v_5 没能标号,所以不存在从 v_1 到 v_5 的有向路,例 8-1 的各点的标号见图 8-5。

8.2.2 最短路问题的应用

例 8-2 电信公司准备在甲、乙两地沿路架设一条光缆线,如何架设使其光缆线路最短?图 8-6 给出了甲、乙两地间的交通图,图中的点 $v_1, v_2, \cdots, v_7$ 表示 7 个地名,其中 v_1 表示甲地,v_7 表示乙地,点之间的连线(边)表示两地之间的公路,边所赋的权数表示两地间公路的长度(单位为 km)。

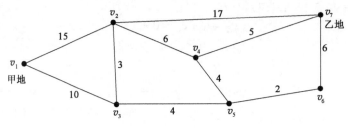

图 8-6 例 8-2 图

解 公路的长度与行走的方向无关。例如,不管是从 v_1 走到 v_2,还是从 v_2 走到 v_1,v_1 与 v_2 间公路的长度都是 15,所以这是一个求无向图的最短路的问题。如果把无向图的每一边 (v_i, v_j) 都用方向相反的两条弧 (v_i, v_j) 和 (v_j, v_i) 代替,就把无向图化成有向图,即可用 Dijkstra 算法来求解。其实可以直接在无向图上用 Dijkstra 算法来求解。只要在算法中把从已标号的点到未标号的点的弧的集合改成从已标号的点到未标号的点的边的集合即可,注意弧是有方向的,而边是无方向的。

(1) 起点 v_1 标号为 $(0, s)$。

(2) $I = \{v_1\}$,$J = \{v_2, v_3, v_4, v_5, v_6, v_7\}$,边的集合 $\{[v_i, v_j] \mid v_i, v_j$ 两点中一点属于 I,而另一点属于 $J\} = \{[v_1, v_2], [v_1, v_3]\}$,并有:

$$s_{12} = l_1 + c_{12} = 0 + 15 = 15$$
$$s_{13} = l_1 + c_{13} = 0 + 10 = 10$$
$$\min(s_{12}, s_{13}) = s_{13} = 10$$

给边 $[v_1, v_3]$ 中未标号的点 v_3 标以 $(10, 1)$,表示从 v_1 到 v_3 的距离为 10,并且在 v_1 到 v_3 的最短路上 v_3 的前面一个点为 v_1。

(3) 这时 $I = \{v_1, v_3\}$,$J = \{v_2, v_4, v_5, v_6, v_7\}$,边的集合 $\{[v_i, v_j] \mid v_i, v_j$ 两点中一点属于 I,而另一点属于 $J\} = \{[v_1, v_2], [v_3, v_2], [v_3, v_5]\}$,并有:

$$s_{32} = l_3 + c_{32} = 10 + 3 = 13$$
$$s_{35} = l_3 + c_{35} = 10 + 4 = 14$$
$$\min(s_{12}, s_{32}, s_{35}) = s_{32} = 13$$

给边 $[v_3, v_2]$ 中未标号的点 v_2 标以 $(13, 3)$。

(4) 这时 $I = \{v_1, v_3, v_2\}$, $J = \{v_4, v_5, v_6, v_7\}$, 边的集合 $\{[v_i, v_j] | v_i, v_j$ 中一点属于 I, 另一点属于 $J\} = \{[v_3, v_5], [v_2, v_4], [v_2, v_7]\}$, 并有:

$$s_{24} = l_2 + c_{24} = 13 + 6 = 19$$
$$s_{27} = l_2 + c_{27} = 13 + 17 = 30$$
$$\min(s_{35}, s_{24}, s_{27}) = s_{35} = 14$$

给边 $[v_3, v_5]$ 中未标号的点 v_5 标以 $(14, 3)$。

(5) 这时 $I = \{v_1, v_2, v_3, v_5\}$, $J = \{v_4, v_6, v_7\}$, 边的集合 $\{[v_i, v_j] | v_i, v_j$ 中一点属于 I, 另一点属于 $J\} = \{[v_2, v_4], [v_5, v_4], [v_2, v_7], [v_5, v_6]\}$, 并有:

$$s_{54} = l_5 + c_{54} = 14 + 4 = 18$$
$$s_{56} = l_5 + c_{56} = 14 + 2 = 16$$
$$\min(s_{24}, s_{27}, s_{54}, s_{56}) = s_{56} = 16$$

给边 $[v_5, v_6]$ 中未标号的点 v_6 标以 $(16, 5)$。

(6) 这时 $I = \{v_1, v_2, v_3, v_5, v_6\}$, $J = \{v_4, v_7\}$, 边的集合 $\{[v_i, v_j] | v_i, v_j$ 中一点属于 I, 另一点属于 $J\} = \{[v_2, v_4], [v_2, v_7], [v_5, v_4], [v_6, v_7]\}$, 并有:

$$s_{67} = l_6 + c_{67} = 16 + 6 = 22$$
$$\min(s_{24}, s_{27}, s_{54}, s_{67}) = s_{54} = 18$$

给边 $[v_5, v_4]$ 中未标号的点 v_4 标以 $(18, 5)$。

(7) 这时 $I = \{v_1, v_2, v_3, v_4, v_5, v_6\}$, $J = \{v_7\}$, 边的集合 $\{[v_i, v_j] | v_i, v_j$ 中一点属于 I, 另一点属于 $J\} = \{[v_2, v_7], [v_4, v_7], [v_6, v_7]\}$, 并有:

$$s_{47} = l_4 + c_{47} = 18 + 5 = 23$$
$$\min(s_{27}, s_{47}, s_{67}) = s_{67} = 22$$

给边 $[v_6, v_7]$ 中未标号的点 v_7 标以 $(22, 6)$。

(8) 此时 $I = \{v_1, v_2, v_3, v_4, v_5, v_6, v_7\}$, $J = \varnothing$, 边集合 $\{[v_i, v_j] | v_i, v_j$ 中一点属于 I, 另一点属于 $J\} = \varnothing$, 计算结束。

(9) 得到最短路。

从 v_7 的标号 $(22, 6)$ 可知, 从 v_1 到 v_7 的最短距离为 22km, 其最短路上 v_7 的前一个点为 v_6, 从 v_6 的标号 $(16, 5)$ 可知 v_6 的前一个点为 v_5, 从 v_5 的标号 $(14, 3)$ 可知 v_5 的前一个点为 v_3, 从 v_3 的标号 $(10, 1)$ 可知 v_3 的前一个点为 v_1, 即其最短路径为 $v_1 \rightarrow v_3 \rightarrow v_5 \rightarrow v_6 \rightarrow v_7$。例 8-2 的每点的标号见图 8-7。

实际中还可以从各点的标号找到 v_1 到各点的距离, 以及从 v_1 到各点的最短路径。例如从 v_4 的标号 $(18, 5)$ 可知 v_1 到 v_4 的距离为 18, 并可找到 v_1 到 v_4 的最短路径为 $v_1 \rightarrow v_3 \rightarrow v_5 \rightarrow v_4$。

例 8-3 设备更新问题。某公司使用一台设备, 在每年年初公司就要决定是购置新设备还是继续使用旧设备。如果购置新设备, 就要支付一定的购置费, 当然新设备的维修费用就低。如果继续使用旧设备, 这样可以省去购置费, 但维修费用就高了。现在需要制订一个五年之内的更新设备的计划, 使得五年内设备购置费和维修费总的支付费用最少。这种设备每年年初的价格如表 8-1 所示, 不同使用时间(年)的设备所需要的维修费如表 8-2 所示。

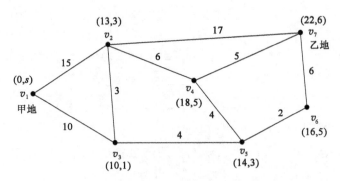

图 8-7　例 8-2 各点的标号

设备每年年初价格　　　　　　　　　　　　　表 8-1

年份	1	2	3	4	5
年初价格	11	11	12	12	13

不同使用时间的设备所需要的维修费　　　　　表 8-2

使用年数	0~1	1~2	2~3	3~4	4~5
每年维修费用	5	6	8	11	18

解　可以把求得总费用最少的设备更新计划问题,化为最短路的问题。用点 v_i 表示第 i 年年初购进一台新设备,加设了 v_6 点可以理解为第 5 年年底,从 v_i 到 $v_{i+1},\cdots,v_6$ 各画一条弧,弧 (v_i,v_j) 表示在第 i 年年初购进的设备一直使用到第 j 年年初,即第 $(j-1)$ 年年底。此最短路问题如图 8-8 所示。

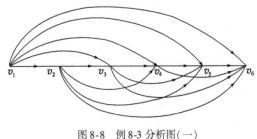

图 8-8　例 8-3 分析图(一)

下面对图 8-8 中的每条弧赋予权数。对于弧 (v_i,v_j),它的权数即为从第 i 年年初购进设备使用到第 $(j-1)$ 年年底所花费的购置费及维修费的总和。例如,弧 (v_2,v_3) 的权数应为第 2 年年初购置设备的费用 11 与从第 2 年年初到第 2 年年底一年的维修费用 5(因为设备使用年数在 0~1 之间)之和,应为 16。而弧 (v_1,v_6) 的权数应为第 1 年年初购置设备的费用 11 与从第 1 年年初到第 5 年年底的维修费 5 + 6 + 8 + 11 + 18 = 48 之和,应为 59。以下把所有弧 (v_i,v_j) 的权数 c_{ij} 计算出来列于表 8-3。

权数 c_{ij} 计算结果　　　　　　　　　　　　　表 8-3

i	j					
	1	2	3	4	5	6
1	—	16	22	30	41	59
2	—	—	16	22	30	41
3	—	—	—	17	23	31
4	—	—	—	—	17	23
5	—	—	—	—	—	18
6	—	—	—	—	—	—

把权数 c_{ij} 赋到图 8-8 中的弧上,得到图 8-9,这样只要在图 8-9 上求出一条从 v_1 到 v_6 的最短路,就能制订出 5 年之内总的支付费用最少的设备更新计划。

用 Dijkstra 算法来求最短路:

(1) 给起始点 v_1 标以 $(0,s)$。

(2) 这时 $I = \{v_1\}$, $J = \{v_2, v_3, v_4, v_5, v_6\}$, 弧的集合 $\{(v_i,v_j) \mid v_i \in I, v_j \in J\} = \{(v_1,v_2), (v_1,v_3), (v_1,v_4), (v_1,v_5), (v_1,v_6)\}$,并有:

$$s_{12} = l_1 + c_{12} = 0 + 16 = 16$$
$$s_{13} = l_1 + c_{13} = 0 + 22 = 22$$
$$s_{14} = l_1 + c_{14} = 0 + 30 = 30$$
$$s_{15} = l_1 + c_{15} = 0 + 41 = 41$$
$$s_{16} = l_1 + c_{16} = 0 + 59 = 59$$

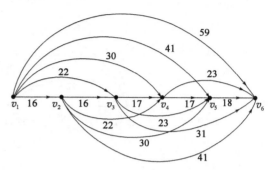

图 8-9 例 8-3 分析图(二)

$$\min(s_{12}, s_{13}, s_{14}, s_{15}, s_{16}) = s_{12} = 16$$

给弧 (v_1, v_2) 的终点 v_2 标以 $(16, 1)$。

(3) 这时 $I = \{v_1, v_2\}$, $J = \{v_3, v_4, v_5, v_6\}$, 弧的集合 $\{(v_i,v_j) \mid v_i \in I, v_j \in J\} = \{(v_1,v_3), (v_1,v_4), (v_1,v_5), (v_1,v_6), (v_2,v_3), (v_2,v_4), (v_2,v_5), (v_2,v_6)\}$,并有:

$$s_{23} = l_2 + c_{23} = 16 + 16 = 32$$
$$s_{24} = l_2 + c_{24} = 16 + 22 = 38$$
$$s_{25} = l_2 + c_{25} = 16 + 30 = 46$$
$$s_{26} = l_2 + c_{26} = 16 + 41 = 57$$

$$\min(s_{13}, s_{14}, s_{15}, s_{16}, s_{23}, s_{24}, s_{25}, s_{26}) = s_{13} = 22$$

给弧 (v_1, v_3) 的终点 v_3 标以 $(22, 1)$。

(4) 这时 $I = \{v_1, v_2, v_3\}$, $J = \{v_4, v_5, v_6\}$, 弧的集合 $\{(v_i,v_j) \mid v_i \in I, v_j \in J\} = \{(v_1,v_4), (v_1,v_5), (v_1,v_6), (v_2,v_4), (v_2,v_5), (v_2,v_6), (v_3,v_4), (v_3,v_5), (v_3,v_6)\}$,并有:

$$s_{34} = l_3 + c_{34} = 22 + 17 = 39$$
$$s_{35} = l_3 + c_{35} = 22 + 23 = 45$$
$$s_{36} = l_3 + c_{36} = 22 + 31 = 53$$

$$\min(s_{14}, s_{15}, s_{16}, s_{24}, s_{25}, s_{26}, s_{34}, s_{35}, s_{36}) = s_{14} = 30$$

给弧 (v_1, v_4) 的终点 v_4 标以 $(30, 1)$。

(5) 这时 $I = \{v_1, v_2, v_3, v_4\}$, $J = \{v_5, v_6\}$, 弧的集合 $\{(v_i,v_j) \mid v_i \in I, v_j \in J\} = \{(v_1,v_5), (v_1,v_6), (v_2,v_5), (v_2,v_6), (v_3,v_5), (v_3,v_6), (v_4,v_5), (v_4,v_6)\}$,并有:

$$s_{45} = l_4 + c_{45} = 30 + 17 = 47$$
$$s_{46} = l_4 + c_{46} = 30 + 23 = 53$$

$$\min(s_{15}, s_{16}, s_{25}, s_{26}, s_{35}, s_{36}, s_{45}, s_{46}) = s_{15} = 41$$

给弧 (v_1, v_5) 的终点 v_5 标以 $(41, 1)$。

(6) 这时 $I = \{v_1, v_2, v_3, v_4, v_5\}$, $J = \{v_6\}$, 弧的集合 $\{(v_i,v_j) \mid v_i \in I, v_j \in J\} = \{(v_1,v_6), (v_2,v_6), (v_3,v_6), (v_4,v_6), (v_5,v_6)\}$,并有:

$$s_{56} = l_5 + c_{56} = 41 + 18 = 59$$

$$\min(s_{16}, s_{26}, s_{36}, s_{46}, s_{56}) = s_{36} = s_{46} = 53$$

给弧(v_3, v_6)和弧(v_4, v_6)的终点v_6标以$(53,3)$和$(53,4)$,得图8-10。

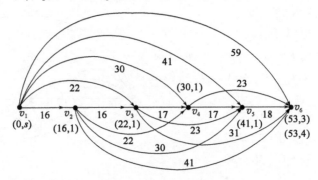

图8-10 例8-3各点的标号

从图8-10可知,从v_1到v_6的距离为53,其最短路径有两条,一条为$v_1 \to v_3 \to v_6$,另一条为$v_1 \to v_4 \to v_6$。也就是说,第一个方案为第1年的购置新设备使用到第2年年底(第3年年初),第3年年初再购置新设备使用到第5年年底(第6年年初)。第二个方案为第1年年初购置新设备使用到第3年年底(第4年年初),第4年年初再购置新设备使用到第5年年底(第6年年初)。这两个方案使得总的支付费用最少,均为53。

8.3 最小生成树问题

树是图论中的一个重要概念。所谓树,就是一个无圈的连通图,如图8-11中a)就是一个树,而b)因为图中有圈(v_3, v_4, v_5)所以就不是树,c)因为不连通所以也不是树。

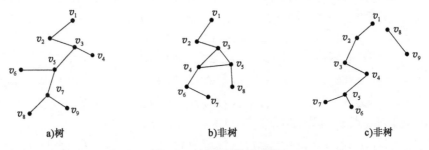

图8-11 树与非树的示意图

给了一个无向图$G = (V, E)$,保留G的所有点,而删掉部分G的边或者说保留一部分G的边,所获得的图,称为G的生成子图。图8-12b)和c)都是a)的生成子图。

如果图G的一个生成子图还是一个树,则称这个生成子图为生成树,图8-12c)就是a)的生成树。

最小生成树问题就是在一个赋权的连通的无向图G中找出一个生成树,并使得这个生成树的所有边的权数之和最小。

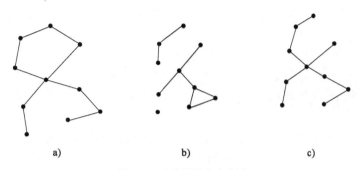

图 8-12 生成子图和生成树

8.3.1 求解最小生成树的破圈算法

破圈算法的具体步骤如下:

(1) 在给定的赋权的连通图上任找一个圈。

(2) 在所找的圈中去掉一条权数最大的边(如果有两条或以上的边都是权数最大的边,则任意去掉其中一条)。

(3) 如果所余下的图已不含圈,则计算结束,所余下的图即为最小生成树。否则返回第(1)步。

例 8-4 用破圈算法在图 8-13a)中求一个最小生成树。

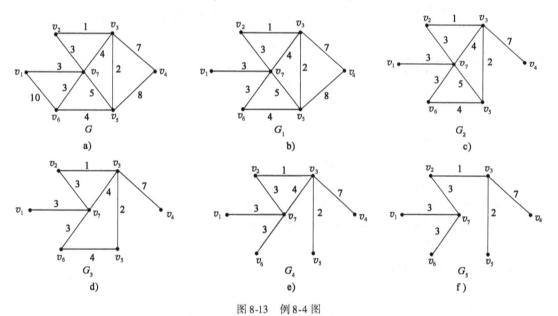

图 8-13 例 8-4 图

解 (1) 在 G 中找到一个圈 (v_1, v_7, v_6, v_1),并知在此圈上边 $[v_1, v_6]$ 的权数 10 最大,在 G 中去掉边 $[v_1, v_6]$,得图 G_1,如图 8-13b)所示。

(2) 在 G_1 中找到一个圈 $(v_3, v_4, v_5, v_7, v_3)$,去掉其中权数最大的边 $[v_4, v_5]$,得图 G_2,如图 8-13c)所示。

(3)在 G_2 中找到一个圈 $(v_2, v_3, v_5, v_7, v_2)$，去掉其中权数最大的边 $[v_5, v_7]$，得图 G_3，如图 8-13d)所示。

(4)在 G_3 中找到一个圈 $(v_3, v_5, v_6, v_7, v_3)$，去掉其中权数最大的边 $[v_5, v_6]$（也可以去掉边 $[v_3, v_7]$，这两个边的权数都为最大），得图 G_4，如图 8-13e)所示。

(5)在 G_4 中找到一个圈 (v_2, v_3, v_7, v_2)，去掉其中权数最大的边 $[v_3, v_7]$，得图 G_5，如图 8-13f)所示。

(6)在 G_5 中找不到任何一个圈了，可知 G_5 即为图 G 的最小生成树。这个最小生成树的所有边的总权数为 $3+3+3+1+2+7=19$。

8.3.2 应用举例

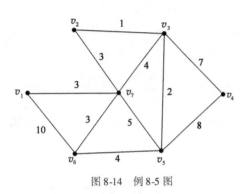

图 8-14 例 8-5 图

例 8-5 某大学准备对其所属的 7 个学院办公室计算机联网，这个网络可能联通的途径如图 8-14 所示，图中 $v_1, \cdots, v_7$ 表示 7 个学院办公室，图中的边为可能联网的途径，边上所赋的权数为这条路线的长度，单位为百米。请设计一个网络能联通 7 个学院办公室，并使总的线路长度最短。

解 此问题实际上是求图 8-14 的最小生成树，这在例 8-4 中已经求得，即按照图 8-13f)的设计，可使此网络的总的线路长度最短，为 19。

8.4 最大流问题

许多系统中包含了流量问题，例如公路系统中有车辆流，控制系统中有信息流，供水系统中有水流，金融系统中有现金流等。对于这样一些包含了流量问题的系统，往往要求出其系统的最大流量，例如某公路系统容许通过的最多车辆数，某供水系统的最大水流量等，以利于对某个系统的认识并予以改造。

所谓最大流问题，就是给了一个带收发点的网络，其每条弧的赋权称为容量，在不超过每条弧的容量的前提下，求出从发点到收点的最大流量。

8.4.1 最大流的数学模型

例 8-6 某石油公司拥有一个管道网络，使用这个网络可以把石油从采地运送到一些销售点，这个网络的一部分如图 8-15 所示。由于管道的直径的变化，它的各段管道 (v_i, v_j) 的流量（容量）c_{ij} 也是不一样的，这在图 8-15 中已标出。

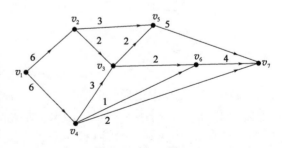

图 8-15 例 8-6 图

c_{ij} 的单位为万加仑/时。如果使用这个网络系统从采地 v_1 向销地 v_7 运送石油,每小时最多能运送多少加仑石油?

解 这是一个网络上最大流问题。而网络上最大流问题也是一个线性规划的问题,可以为例 8-6 建立数学模型。

设弧 (v_i, v_j) 上的流量为 f_{ij},网络上的总的流量为 F,则有:

$$\max F = f_{12} + f_{14}$$

$$\text{s.t.} \begin{cases} f_{12} = f_{23} + f_{25} \\ f_{14} = f_{43} + f_{46} + f_{47} \\ f_{23} + f_{43} = f_{35} + f_{36} \\ f_{25} + f_{35} = f_{57} \\ f_{36} + f_{46} = f_{67} \\ f_{57} + f_{67} + f_{47} = f_{12} + f_{14} \\ f_{ij} \leq c_{ij} (i = 1, 2, \cdots, 6; j = 2, \cdots, 7) \\ f_{ij} \geq 0 (i = 1, 2, \cdots, 6; j = 2, \cdots, 7) \end{cases}$$

在这个线性规划模型中,其约束条件中的前 6 个表示网络中的流量必须满足守恒条件,发点的总流出量必须等于收点的总流入量;其余的点称为中间点,它的总流入量必须等于总流出量。其后面几个约束条件表示每一条弧 (v_i, v_j) 的流量 f_{ij} 要满足流量的可行条件,应小于或等于弧 (v_i, v_j) 的容量 c_{ij},并大于或等于 0(即线性规划模型的可行解),可行流中一组流量最大(也即发点总流出量最大)的称为最大流(即线性规划的最优解)。

把例 8-6 的数据 c_{ij} 代入以上线性规划模型,解得: $f_{12} = 5, f_{14} = 5, f_{23} = 2, f_{25} = 3, f_{43} = 2, f_{46} = 1$, $f_{47} = 2, f_{35} = 2, f_{36} = 2, f_{57} = 5, f_{67} = 3$。最优值(最大流量)为 10。

8.4.2 最大流问题的网络图论解法

上面已经介绍了用线性规划的方法来求解最大流问题,现在介绍网络图论解法,这种解法更为直观。

(1) 对网络上弧的容量的表示做一些改进。在一条弧 (v_i, v_j) 上,c_{ij} 靠近 v_i 点,0 靠近 v_j 点表示从 v_i 到 v_j 容许通过的容量为 c_{ij},而从 v_j 到 v_i 容许通过的容量为 0,这样我们可以省去弧的方向,如图 8-16b) 所示。图 8-16b) 与图 8-16a) 表示的是相同的意思。

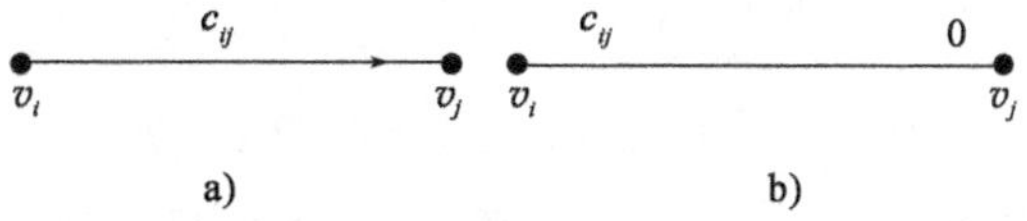

图 8-16 容量的表示方法(一)

对于两条方向相反的弧 (v_i, v_j) 和 (v_j, v_i),我们也可以用一条边和一对数组 c_{ij}, c_{ji} 来表示它们的容量,如图 8-17b) 所示。图 8-17b) 与图 8-17a) 表示的是相同的意思。

下面用网络图论的方法来求解例 8-6,按上述的方法对例 8-6 的图 8-15 的容量标号做改进,得到图 8-18。

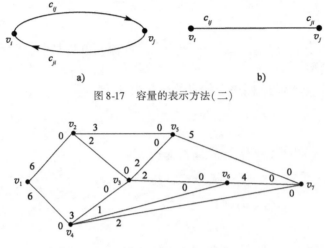

图 8-17 容量的表示方法(二)

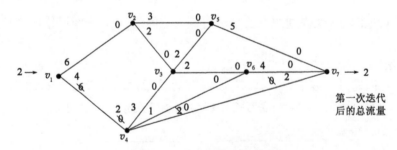

图 8-18 网络图论法

(2) 求最大流的基本算法。

在对弧的容量的表示做了改进的网络图上:

① 找出一条从发点到收点的路,在这条路上的每一条弧顺流方向的容量都大于 0。如果不存在这样的路,则已求得最大流。

② 找出这条路上各条弧的最小的顺流容量 p_f,通过这条路增加网络的流量 p_f。

③ 在这条路上,减少每一条弧的顺流容量 p_f,同时增加这些弧的逆流容量 p_f,返回步骤①。

当然由于在步骤①中所选择的路不一样,计算过程也不一样,但最终所求得的最大流量应该是一样的。为了使算法更快捷有效,我们一般在步骤①中尽量选择包含弧数最少的路。

用此方法求解例 8-6 的过程如下:

第一次迭代:选择路径为 $v_1 \to v_4 \to v_7$。弧 (v_4, v_7) 的顺流容量 $c_{47}=2$,决定了 $p_f=2$,改进的网络流量图如图 8-19 所示。

图 8-19 第一次迭代网络流量图

第二次迭代:选择路径为 $v_1 \to v_2 \to v_5 \to v_7$。弧 (v_2, v_5) 的顺流容量 $c_{25}=3$,决定了 $p_f=3$,改进的网络流量图如图 8-20 所示。

第三次迭代:选择路径为 $v_1 \to v_4 \to v_6 \to v_7$。弧 (v_4, v_6) 的顺流容量 $c_{46}=1$,决定了 $p_f=1$,改进的网络流量图如图 8-21 所示。

第四次迭代:选择路径为 $v_1 \to v_4 \to v_3 \to v_6 \to v_7$。弧 (v_3, v_6) 的顺流容量 $c_{36}=2$,决定了 $p_f=2$,改进的网络流量图如图 8-22 所示。

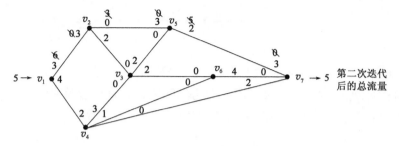

图 8-20　第二次迭代网络流量图

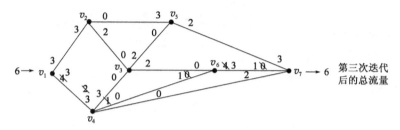

图 8-21　第三次迭代网络流量图

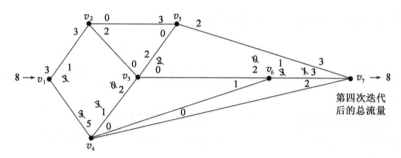

图 8-22　第四次迭代网络流量图

第五次迭代：选择路径为 $v_1 \to v_2 \to v_3 \to v_5 \to v_7$。弧 (v_2, v_3) 的顺流容量 $c_{23} = 2$，决定了 $p_f = 2$，改进的网络流量图如图 8-23 所示。

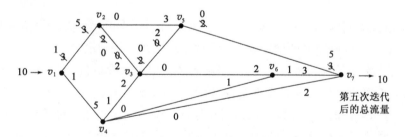

图 8-23　第五次迭代网络流量图

通过第五次迭代后在图 8-23 中已找不到从发点到收点的一条路，路上的每一条弧顺流容量都大于 0，运算停止。我们已得到此网络从 v_1 到 v_7 的最大流量为 10，也就是从采地 v_1 向销地 v_7 每小时可运送 10 万加仑石油。具体的运送方案可以通过比较图 8-18 和图 8-23 得到。例如在图 8-18 和图 8-23 中，弧 (v_1, v_2) 的容量分别如图 8-24 所示。

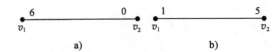

图 8-24 迭代前后容量对比

从中可知从 v_1 到 v_2 的顺流容量在第五次迭代后从 6 降为 1，也就是说，从 v_1 流向 v_2 的流量为 $6-1=5$，这样就得到了例 8-6 最大流的流量图，如图 8-25 所示。

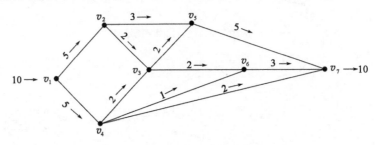

图 8-25 例 8-6 最大流的流量图

8.5 最小费用最大流问题

在求解网络中最大流问题的时候，我们常常还考虑费用多少的问题。最小费用最大流问题就是这样的问题。

所谓最小费用最大流问题，就是给了一个带收发点的网络，对每一条弧 (v_i,v_j)，除了给出容量 c_{ij} 外，还给出了这条弧的单位流量的费用 b_{ij}，要求一个最大流 F，并使得总运送费用最小。

8.5.1 最小费用最大流的数学模型

最小费用最大流问题也是一个线性规划的问题，为了说明问题，我们首先对例 8-6 的每一条弧 (v_i,v_j) 给出一个单位流量的费用 b_{ij}，然后对它建立线性规划模型。

例 8-7 由于输油管道的长短不一，所以在例 8-6 中每段管道 (v_i,v_j) 除了有不同的流量限制 c_{ij} 之外，还有不同的单位流量的费用 b_{ij}，c_{ij} 的单位为万加仑/时，b_{ij} 的单位为百元/万加仑，对每段管道 (v_i,v_j)，都用 (c_{ij},b_{ij}) 标出，如图 8-26 所示。如果使用这个网络系统从采地 v_1 向销地 v_7 运送石油，怎样才能运送最多的石油并使得总的运送费用最小？并求出其每小时的最大流量及每小时的最大流量的最小费用。

解 用线性规划来求解此题，可以分两步走。

第一步，先求出此网络图中的最大流量 F，这在例 8-6 中已建立了线性规划模型。

第二步，在第一步的线性规划模型基础上添加约束条件，建立新的线性规划模型，在最大流量 F 的所有解中，找出一个费用最小的解。

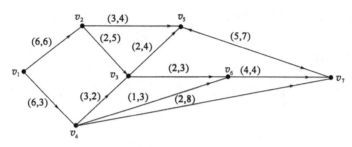

图 8-26 例 8-7 图

仍然设弧 (v_i,v_j) 上的流量为 f_{ij}，这时已知网络上最大流量为 F，只要在例 8-6 的约束条件上再加上总流量必须等于 F 的约束条件：$f_{12}+f_{14}=F$，即得此线性规划的约束条件，此线性规划的目标函数显然是求其流量的最小费用 $\sum_{(v_i,v_j)\in A} f_{ij} \cdot b_{ij}$。得到线性规划模型如下：

$$\min z = \sum_{(v_i,v_j)\in A} f_{ij} \cdot b_{ij} = 6f_{12}+3f_{14}+4f_{25}+5f_{23}+2f_{43}+4f_{35}+7f_{57}+3f_{36}+3f_{46}+8f_{47}+4f_{67}$$

$$\text{s.t.} \begin{cases} f_{12}+f_{14}=F=10 \\ f_{12}=f_{23}+f_{25} \\ f_{14}=f_{43}+f_{46}+f_{47} \\ f_{23}+f_{43}=f_{35}+f_{36} \\ f_{25}+f_{35}=f_{57} \\ f_{36}+f_{46}=f_{67} \\ f_{57}+f_{67}+f_{47}=f_{12}+f_{14} \\ f_{ij}\leq c_{ij}\,(i=1,2,\cdots,6;j=2,3,\cdots,7) \\ f_{ij}\geq 0\,(i=1,2,\cdots,6;j=2,3,\cdots,7) \end{cases}$$

求得：$f_{12}=4,f_{14}=6,f_{25}=3,f_{23}=1,f_{43}=3,f_{35}=2,f_{57}=5,f_{36}=2,f_{46}=1,f_{47}=2,f_{67}=3$。其最优值（最小费用）为 145。对照前面例 8-6 的结果，可对最小费用最大流的概念有一个深刻的理解。

如果把例 8-7 的问题改为：每小时运送 6 万加仑的石油从采地 v_1 到销地 v_7，最小的费用是多少？这就变成了一个最小费用流的问题。一般来说，最小费用流的问题就是在给定了收点及发点并对每条弧 (v_i,v_j) 赋权以容量 c_{ij} 及单位费用 b_{ij} 的网络中，求一个给定值 f 的流量的最小费用，这个给定值 f 的流量应小于或等于最大流量 F，否则无解。求最小费用流的问题的线性规划模型，只要把最小费用最大流模型中的约束条件中的发点流量 F 改为 f 即可。在例 8-7 中只要把 $f_{12}+f_{14}=F$ 改为 $f_{12}+f_{14}=f=6$，就得到了最小费用流的线性规划模型。

8.5.2 最小费用最大流问题的网络图论解法

最小费用最大流问题的网络图论的解法类似于最大流问题的网络图论的解法。

（1）对网络上弧 (v_i,v_j) 的 (c_{ij},b_{ij}) 的表示做如下改进：在图 8-27 中用 b)图来表示 a)图，用 d)图来表示 c)图。b)图中靠近 v_i 点的双标号 (c_{ij},b_{ij}) 表示从 v_i 到 v_j 的容量为 c_{ij}，单位流量

的费用为 b_{ij}；b)图中靠近 v_j 点的双标号 $(0,-b_{ij})$ 表示从 v_j 到 v_i 的容量为 0，单位流量的费用为 $-b_{ij}$；在 d)图中用两条边来表示 c)图中的两条逆向的弧。用上述的方法对图 8-26 的弧的标号予以改进得图 8-28。

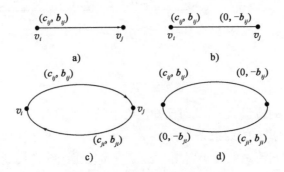

图 8-27 容量和费用的表示方法

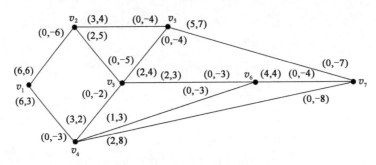

图 8-28 例 8-7 改进后的网络图

（2）求最小费用最大流的基本算法。

在对弧的标号做了改进的网络图上求最小费用最大流的基本算法与求最大流的基本算法基本一样，不同的只是在步骤①中要选择一条总的单位费用最小的路，而不是包含边数最小的路。如果把每条弧的单位费用看成弧的长度，也就是要选择一条从发点到收点的最短路。

用此方法求解例 8-7 的过程如下：

第一次迭代：找到最短路 $v_1 \rightarrow v_4 \rightarrow v_6 \rightarrow v_7$（找最短路的过程省略），此路的总单位费用为 $3+3+4=10$，弧 (v_4,v_6) 的顺流容量为 1，决定了 $p_f=1$，改进的网络流量图如图 8-29 所示。

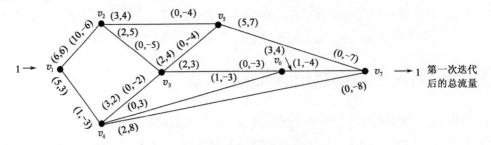

图 8-29 第一次迭代网络流量图

第一次迭代后总流量为1，总的费用 $10 \times 1 = 10$。

第二次迭代：找到最短路 $v_1 \to v_4 \to v_7$，此路的总单位费用为 $3 + 8 = 11$，弧 (v_4, v_7) 的顺流容量为2，决定了 $p_f = 2$，改进的网络流量图如图8-30所示。

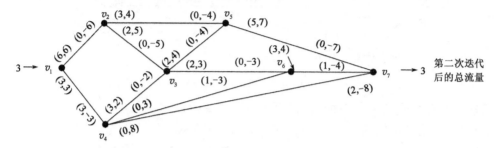

图8-30 第二次迭代网络流量图

第二次迭代后总流量为3，总的费用为 $10 + 11 \times 2 = 32$。

第三次迭代：找到最短路 $v_1 \to v_4 \to v_3 \to v_6 \to v_7$，此路的总单位费用为 $3 + 2 + 3 + 4 = 12$，弧 (v_3, v_6) 的顺流容量为2，决定了 $p_f = 2$，改进的网络流量图如图8-31所示。

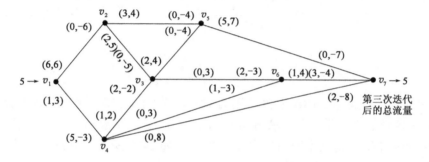

图8-31 第三次迭代网络流量图

第三次迭代后总流量为5，总的费用为 $32 + 12 \times 2 = 56$。

第四次迭代：找到最短路 $v_1 \to v_4 \to v_3 \to v_5 \to v_7$，此路的总单位费用为 $3 + 2 + 4 + 7 = 16$，弧 (v_1, v_4) 的顺流容量为1，决定了 $p_f = 1$，改进的网络流量图如图8-32所示。

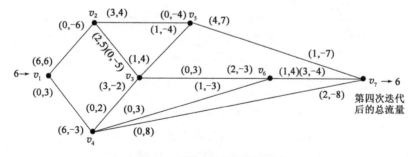

图8-32 第四次迭代网络流量图

第四次迭代后总流量为6，总的费用为 $56 + 16 \times 1 = 72$。

第五次迭代：找到最短路 $v_1 \to v_2 \to v_5 \to v_7$，此路的总单位费用为 $6 + 4 + 7 = 17$，弧 (v_2, v_5) 的顺流容量为3，决定了 $p_f = 3$，改进的网络流量图如图8-33所示。

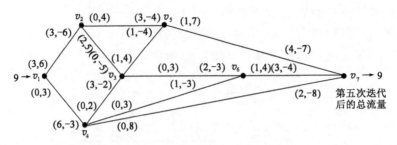

图 8-33 第五次迭代网络流量图

第五次迭代后总流量为 9，总的费用为 $72+17\times 3=123$。

第六次迭代：找到最短路 $v_1\to v_2\to v_3\to v_5\to v_7$，此路的总单位费用为 $6+5+4+7=22$，弧 (v_3,v_5) 和 (v_5,v_7) 的顺流容量均为 1，决定了 $p_f=1$，改进的网络流量图如图 8-34 所示。

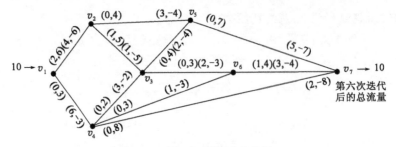

图 8-34 第六次迭代网络流量图

第六次迭代后的总流量为 10，总的费用为 $123+22\times 1=145$。因为已找不到从 v_1 到 v_7 的每条弧容量都大于 0 的路，故已求得最小费用最大流。就像例 8-6 的方法一样，比较图 8-28 与图 8-34 即得到其最小费用最大流的流量图如 8-35 所示。其总流量为 10，即每小时最多运送 10 万加仑的石油，而其最小的总费用为 145 百元，这个最小费用也可以按以下计算得到：

$$6\times 3+3\times 2+1\times 3+2\times 8+4\times 6+3\times 4+1\times 5+2\times 4+2\times 3+3\times 4+5\times 7=145$$

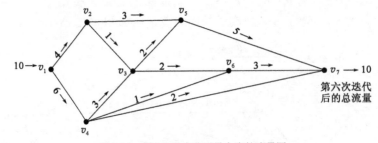

图 8-35 例 8-7 最小费用最大流的流量图

如果对例 8-7 求一个最小费用流的问题：每小时运送 6 万加仑石油从 v_1 到 v_7 的最小费用是多少？或者每小时运送 7 万加仑呢？我们从第四次迭代及图 8-32 即可得到运送 6 万加仑石油的最小费用为 72 百元，其运送方式通过比较图 8-28 及图 8-32 即得，如图 8-36 所示。

至于每小时送 7 万加仑，我们可以在图 8-36 的基础上，再按第五次迭代所选的最短路运送 1 万加仑即得最小费用：$72+17\times 1=89$（百元），其运送方式如图 8-37 所示。

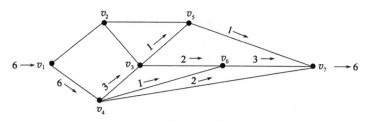

图 8-36　每小时运送 6 万加仑石油的流量图

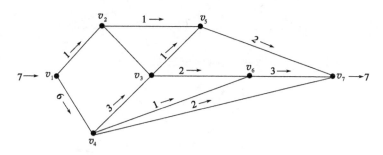

图 8-37　每小时运送 7 万加仑石油的流量图

习题

1. 某配送中心要给一个快餐店送快餐原料,应按照什么路线送货才能使送货时间最短呢? 图 8-38 给出了配送中心到快餐店的交通图,图中 $v_1,v_2,v_3,v_4,v_5,v_6,v_7$ 表示 7 个地点,其中 v_1 表示配送中心, v_7 表示快餐店,点之间的连线(边)表示两地之间的道路,边上所赋的权数表示开车送原料通过这段道路所需要的时间。(单位:min)

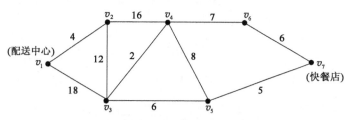

图 8-38　配送中心到快餐店的交通图

2. 某电力公司要沿道路为 8 个居民点架设输电网络,连接 8 个居民点的道路图如图 8-39 所示,其中 $v_1,v_2,\cdots,v_8$ 表示 8 个居民点,图中的边表示可架设输电网络的道路,边上所赋的权数为这条道路的长度(单位:km)。请设计一个输电网络,联通这 8 个居民点,并使总的输电线路长度最短。

3. 某地区的公路网如图 8-40 所示,图中的 $v_1,v_2,\cdots,v_6$ 为地点,边为公路,边上所赋的权数为该段公路的流量(单位:千辆/时),请求出 v_1 到 v_6 的最大流量。

4. 求图 8-41 所示网络图中的最小费用最大流。图 8-41 中弧 (v_i,v_j) 的赋权为 (c_{ij},b_{ij}),其中 c_{ij} 为从 v_i 到 v_j 的容量, b_{ij} 为从 v_i 到 v_j 的单位流量的费用。

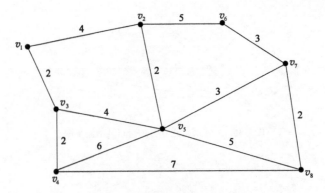

图 8-39　连接 8 个居民点的道路图

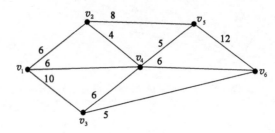

图 8-40　公路网

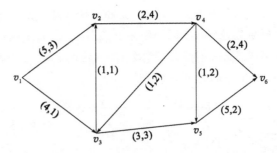

图 8-41　网络图

第9章

排序与统筹方法

在本章中,我们将介绍车间作业计划模型和统筹方法。尽管这两个问题的处理方法有所不同,但当我们面临必须完成若干项不能同时进行的工作时,它们都将帮助我们确定应该按照怎样的次序、怎样的时间表来做这些工作使得效果最佳(如完成全部工作所用时间最短或费用最少等)。

9.1 车间作业计划模型

车间作业计划是指一个工厂生产工序的计划和安排。一个工厂生产管理者,常常要处理各个零件在一些机床上加工的先后次序问题,能否在满足加工工艺流程(即各种机器加工零件的先后关系有具体要求)的前提下,通过各个零件在各台机床加工次序上的合理安排,使得完成这批零件加工任务所需的总时间最少,能最早地将这批零件交付使用,或者使得各加工零件在车间里停留的平均时间最短。在这里,各种零件在每台机器上加工的时间都是已知的。

9.1.1 1 台机器、n 个零件的排序问题

例 9-1 某车间只有 1 台高精度的磨床,常常出现很多零件同时要求这台磨床加工的情况,现有 6 个零件同时要求加工,加工完即送往其他车间,这 6 个零件加工所需时间如表 9-1 所示。我们应该按照什么样的加工顺序来加工这 6 个零件,才能使得这 6 个零件在车间里停留的平均时间最少?

各零件加工所需时间   表9-1

零件	加工时间(h)	零件	加工时间(h)
1	1.8	4	0.9
2	2.0	5	1.3
3	0.5	6	1.5

解 首先,我们知道不管我们按什么顺序来加工这6个零件,都需要用8h才能加工完所有的零件。

其次,我们知道由于各个零件加工时间不同,不同的加工顺序使得这6个零件在车间里的平均停留时间是不一样的。

按照某个加工顺序加工零件时,某个零件在车间的停留时间应该等于在它前面加工的各零件的加工时间与这个零件本身的加工时间之和。如果我们用 P_i 表示安排在第 i 位加工的零件所需的加工时间,用 T_j 表示安排在第 j 位加工的零件在车间里总的停留时间,则有:

$$T_j = P_1 + P_2 + \cdots P_{j-1} + P_j = \sum_{i=1}^{j} P_i$$

这样我们可以计算出以先到先加工的原则按照1、2、3、4、5、6顺序加工零件,各零件在车间的停留时间如表9-2所示。

各零件在车间的停留时间(1,2,3,4,5,6顺序)　　表9-2

零件	加工时间 P_i(h)	停留时间 T_i(h)	零件	加工时间 P_i(h)	停留时间 T_i(h)
1	1.8	1.8	4	0.9	5.2
2	2.0	3.8	5	1.3	6.5
3	0.5	4.3	6	1.5	8.0

按1、2、3、4、5、6顺序加工零件,各个零件平均停留时间为:

$$\frac{1.8+3.8+4.3+5.2+6.5+8.0}{6} \approx 4.93(\text{h})$$

如果按照3、2、4、5、6、1顺序加工零件,我们也可以计算出各零件在车间的停留时间,如表9-3所示。

各零件在车间的停留时间(3,2,4,5,6,1顺序)　　表9-3

零件	加工时间 P_i(h)	停留时间 T_i(h)	零件	加工时间 P_i(h)	停留时间 T_i(h)
3	0.5	0.5	5	1.3	4.7
2	2.0	2.5	6	1.5	6.2
4	0.9	3.4	1	1.8	8.0

这样各零件平均停留时间为:

$$\frac{0.5+2.5+3.4+4.7+6.2+8.0}{6} \approx 4.22(\text{h})$$

不同的加工顺序得到不同的各个零件平均停留时间。如何得到一个加工顺序使得各零件的平均停留时间最少呢?这就是我们最后要解决的优化问题。

我们知道6个零件共有6! =720种不同的加工顺序,我们不能先求出这720种不同加工顺序的各个零件平均停留时间,然后加以比较,最后选出最优顺序,因为这样做工作量太大了。我们得设法找到一种简便的算法。

对于某种加工顺序,我们知道安排在第 j 位加工的零件在车间里总的停留时间为 T_j:

$$T_j = \sum_{i=1}^{j} P_i$$

可知这6个零件的停留时间为:

$$\begin{aligned}T_1 + T_2 + T_3 + T_4 + T_5 + T_6 &= P_1 + (P_1 + P_2) + (P_1 + P_2 + P_3) + \\ &\quad (P_1 + P_2 + P_3 + P_4) + (P_1 + P_2 + P_3 + P_4 + P_5) + \\ &\quad (P_1 + P_2 + P_3 + P_4 + P_5 + P_6) \\ &= 6P_1 + 5P_2 + 4P_3 + 3P_5 + 2P_5 + P_6\end{aligned}$$

那么各个零件平均停留时间为:

$$\frac{6P_1 + 5P_2 + 4P_3 + 3P_4 + 2P_5 + P_6}{6}$$

要使各个零件平均停留时间最少,只要 $6P_1 + 5P_2 + 4P_3 + 3P_4 + 2P_5 + P_6$ 的值为最小即可,从上式可知只要系数越大,配上加工时间越少的 P_i,即按照加工时间排出加工顺序,加工时间越少的零件排在越前面,加工时间越多的零件排在越后面,也就是按照 3、4、5、6、1、2 的顺序来加工零件,可使各个零件的平均停留时间最少。按 3、4、5、6、1、2 的顺序来加工零件,各个零件的停留时间如表 9-4 所示。

各零件在车间停留时间(3,4,5,6,1,2 顺序)   表 9-4

零件	加工时间 P_i(h)	停留时间 T_i(h)	零件	加工时间 P_i(h)	停留时间 T_i(h)
3	0.5	0.5	6	1.5	4.2
4	0.9	1.4	1	1.8	6.0
5	1.3	2.7	2	2.0	8.0

各个零件平均停留时间为:

$$\frac{0.5 + 1.4 + 2.7 + 4.2 + 6.0 + 8.0}{6} = 3.8(\text{h})$$

这与用"先到先加工"顺序所需平均停留时间 4.93h 相比较,有很大的改进。

对于 1 台机器、n 个零件的排序问题,我们按照加工时间从少到多排出加工零件的顺序就能使各个零件的平均停留时间最少。

9.1.2 2 台机器、n 个零件的排序问题

例 9-2 某工厂根据合同定做一些零件,这些零件要求先在车床上车削,然后在磨床上加工,每台机器上各零件加工时间如表 9-5 所示。应该如何安排这 5 个零件的先后加工顺序才能使完成这 5 个零件的总的加工时间最少?

每台机器上各零件加工时间   表 9-5

零件	车床(h)	磨床(h)	零件	车床(h)	磨床(h)
1	1.5	0.5	4	1.25	2.5
2	2.0	0.25	5	0.75	1.25
3	1.0	1.75			

解 由于每个零件必须先进行车床加工再进行磨床加工,所以在车床上加工零件的顺序与在磨床上加工零件的顺序是一样的。

如果这些零件在车床上和磨床上的加工顺序都为1、2、3、4、5,我们用图9-1的线条图来表示各零件加工的开始时间与完成时间,这种图由一根时间轴和表示车床、磨床在每个时刻的状况的图形构成。

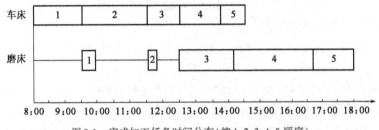

图9-1 完成加工任务时间分布(按1,2,3,4,5顺序)

从图9-1可知,车床按1、2、3、4、5的顺序加工,从8:00起到9:30完成零件1的加工,紧接着开始加工零件2,则11:30完成,再加工零件3到了12:30完成……不间断地工作直到14:30完成所有零件的车削工作。而磨床只有在9:30零件1车削完之后才开始对其进行加工,到10:00完成。之后停工待料直至11:30零件2车削完时又开始对零件2进行磨床加工,在11:45时完成。又停工待料到12:30零件3车削完时开始对零件3进行磨床加工,14:15完成。紧接着加工零件4于16:45完成,之后开始加工零件5于18:00完成,这样可知使用顺序1、2、3、4、5完成全部加工任务共需要10h(从8:00到18:00)。

如果按5、3、2、1、4顺序来加工零件,我们也可以画出其对应的线条图,如图9-2所示。

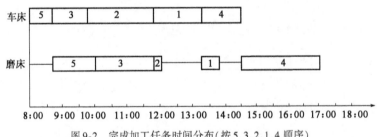

图9-2 完成加工任务时间分布(按5、3、2、1、4顺序)

从图9-2可知,按5、3、2、1、4的顺序加工零件,总加工时间只需要9h,可见当若干零件必须在几台机器上加工时,零件加工的顺序会影响完成全部零件加工所需的总时间。

如何来确定一种加工顺序使得完成全部零件加工任务所需的总时间最少呢?

从上面两种加工顺序的线条图,我们知道加工时间延长主要是由于第二台机器磨床的停工待料,只要减少磨床停工待料的时间就能减少整个加工任务的总时间,为了减少磨床的停工待料,我们应该一方面把在车床上加工时间越短的零件越早加工,减少磨床等待的时间,另一方面把在磨床上加工时间越短的零件越晚加工,也就是说,把在磨床上加工时间越长的零件越早加工,以便充分利用前面的时间,这样我们就得到了使完成全部零件加工任务所需总时间最少的零件排序方法。

我们在表9-5中找到所列出的最短加工时间是0.25h,它是第二工序磨床加工零件2所需的时间,由于这一时间与磨床有关,故我们把零件2放在加工顺序的末尾,并在表中划去零件2所在行,如表9-6所示。

第9章 排序与统筹方法

表9-6 2台机械5个零件的加工排序(一)

零件	车床(h)(第一工序)	磨床(h)(第二工序)	零件	车床(h)(第一工序)	磨床(h)(第二工序)
1	1.5	0.5	4	1.25	2.5
~~2~~	~~2.0~~	~~0.25~~	5	0.75	1.25
3	1.0	1.75			

零件加工顺序:

第一:____;第二:____;第三:____;第四:____;第五:零件2。

接着,我们又找到最短加工时间为0.5h,这一时间与磨床(第二工序)有关,故我们把磨床加工时间为0.5h的零件1放到除第五外的加工顺序的末尾,即第四位加工,同时把表中的零件1所在行划去。

下一个最短的加工时间为0.75h,这一时间是车床(第一工序)加工零件5所需的时间,故我们把零件5排在加工顺序第一位,并把零件5所在行划去。同样下一个最短加工时间为1.0h,这是第一工序车床加工零件3所用的时间,故把零件3加工顺序尽早往前排,排到第二位上,并划去零件3所在行,如表9-7所示。

表9-7 2台机械5个零件的加工排序(二)

零件	车床(h)(第一工序)	磨床(h)(第二工序)	零件	车床(h)(第一工序)	磨床(h)(第二工序)
~~1~~	~~1.5~~	~~0.5~~	4	1.25	2.5
~~2~~	~~2.0~~	~~0.25~~	~~5~~	~~0.75~~	~~1.25~~
~~3~~	~~1.0~~	~~1.75~~			

此时零件加工顺序:

第一:零件5;第二:零件3;第三:____;第四:零件1;第五:零件2。

现在只剩下零件4没排序了,显然零件4只能在第三位加工了。

这样我们就得到了最优加工顺序5、3、4、1、2,线条图9-3显示了各零件在车床与磨床的加工时间的安排。

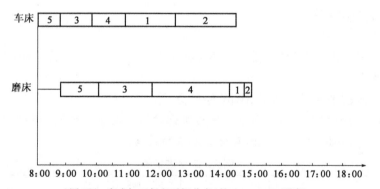

图9-3 完成加工任务时间分布(按5、3、4、1、2顺序)

这样一共只需7h就完成了所有零件的加工,比"先到先加工"的顺序1、2、3、4、5要提前3h完成任务。

从例 9-2 我们可以归纳出关于 2 台机器、n 个零件的排序问题,使得完成全部任务的总时间最短的排序算法。

(1) 在加工所需时间表上选出最短加工时间 t_{ij},这是第 i 工序加工 j 零件所需时间,当 $i=1$ 时,将零件 j 的加工顺序尽量靠前;当 $i=2$ 时,将零件 j 的加工顺序尽量靠后。

(2) 在表上划去零件 j 所在的行,回到步骤(1)。

以上我们介绍了求解 1 台机器、n 个零件和 2 台机器、n 个零件的排序问题的算法。在一般的车间作业计划问题中,有 m 台机器、n 个零件,我们一般找不到类似的有效的求解算法,但我们可以用求解整数规划的方法加以解决。

9.2 统筹方法

管理者常常会面临一些复杂、大型的工程项目,这些工程项目涉及众多部门和单位的大量的、独立的工作或活动,如何来编制计划、安排进度并进行有力的控制,是管理的重要内容。

统筹方法是解决这些问题强有力的工具。这种技术是在 20 世纪 50 年代发展起来的,1956 年美国杜邦公司为了协调企业不同业务部门的系统规划,应用网络方法制订了第一套网络计划,提出了关键路线方法(简称 CPM)。1958 年,美国海军武装部在研制"北极星"导弹计划时,针对"北极星"导弹项目中很多工作或活动都是第一次尝试,其完成工作或活动的时间无经验数据可循的特点提出了图解评审法(简称 PERT),由于 CPM 与 PERT 既有着相同的目标与应用,又有根名相同的术语,这两种方法已合并为一种方法,在国外被称为 PERT/CPM,20 世纪 60 年代我国开始应用这种方法。根据它统筹安排的特点,将其称为统筹方法。

统筹方法可以应用在各种不同的项目计划中,特别适用于生产技术复杂、工作项目繁多且联系紧密的一些跨部门的工作计划,例如,新产品的研制与开发、工厂、大楼、高速公路等大型工程项目的建设,大型复杂设备的维修以及新系统的设计与安装等计划。

统筹方法包括绘制计划网络图、进度安排、网络优化等环节,下面我们分别讨论这些内容。

9.2.1 计划网络图

统筹方法的第一步工作就是绘制计划网络图,也就是将工序(或称为活动)进度表转换为统筹方法的网络图。

下面用一个例题来说明计划网络图的绘制方法。

例 9-3 某公司研制新产品的部分工序与所需时间以及它们之间的相互关系都显示在其工序进度表中,如表 9-8 所示,请画出其统筹方法的网络图。

例 9-3 工序进度表 表 9-8

工序代号	工序内容	所需时间(d)	紧前工序
a	产品设计与工艺设计	60	—
b	外购配套零件	15	a

续上表

工序代号	工序内容	所需时间(d)	紧前工序
c	外购生产原料	13	a
d	自制主件	38	c
e	主配件可靠性试验	8	b,d

解 我们用网络图来表示上述的工序进度表。

网络图中的点表示一个事件,是一个或若干个工序的开始或结束,是相邻工序在时间上的分界点,点用圆圈表示,圆圈里面的数字表示点的编号。

弧表示一个工序(或活动),弧的方向是从工序的开始指向工序的结束。在弧的上面,我们标以各工序的代号,在弧的下面我们标上完成此工序所需的时间(或资源)等数据,这也就是对这条弧所赋的权数。

在工序进度表里所说的工序 b 的紧前工序 a,指工序 a 结束后,紧接着要进行的工序是 b,工序 b 也称为工序 a 的紧后工序。由表可知由于工序 a 没有紧前工序,工序 a 可以在任何时候开始,然后由于工序 b 的紧前工序为 a,所以只有完成了工序 a,才能紧接着开始工序 b。同样可知只有完成了工序 a,才能紧接着开始工序 c;只有完成了工序 c,才能紧接着开始工序 d;只有完成了工序 b 和工序 d,才能紧接着开始工序 e。

在网络图中我们用一个点来表示某一个工序的开始和某紧前工序的结束。这样我们就得到了表示此工序进度表的网络图,如图 9-4 所示。

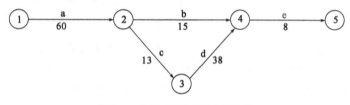

图 9-4 表示工序进度表的网络图

例 9-4 我们把例 9-3 的工序进度表做些扩充,如表 9-9 所示,请画出其统筹方法的网络图。

例 9-4 工序进度表　　　　　　　　　　表 9-9

工序代号	所需时间(d)	紧前工序	工序代号	所需时间(d)	紧前工序
a	60	—	e	8	b,d
b	15	a	f	10	d
c	13	a	g	16	d
d	38	c	h	5	e,f,g

解 在图 9-4 中我们已经得到了此问题的部分网络图,但是我们把工序 f 扩充到此网络图上时发生了问题,因为 d 是 f 的紧前工序,所以 d 的结束应该是 f 的开始,所以代表 f 的弧的起点应该是④,但这样一来,由于工序 b 的结束也是④,所以工序 b 也成了工序 f 的紧前工序,这和题意不符了。

为此我们引入虚工序,即实际上并不存在而虚设的工序。为了用来表示相邻工序之间的衔接关系,虚工序不需要人力、物力等资源与时间。在例 9-4 中虚工序所需时间为 0。虚工序在图中用虚线表示,在图 9-4 中加入 f 工序得图 9-5。

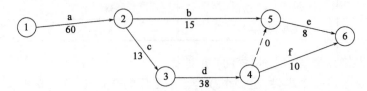

图 9-5 例 9-4 分析网络图(一)

在图 9-5 中,我们把点的编号作了一些调整。我们规定工序从左向右排列,网络图中的各个点都有一个时间(某一个或若干个工序开始或结束的时间),一般按各个点的时间顺序编号,要求各工序的结束点的编号大于开始点的编号,表示结束点的时间不早于开始点的时间,为了便于修改及调整计划,在编号过程中可以留出一些编号。

在图 9-5 中虚工序④—⑤表示只有当 d 工序结束后,e 工序才能开始。

在网络图上添上工序 g 和工序 h 得网络图如图 9-6 所示。

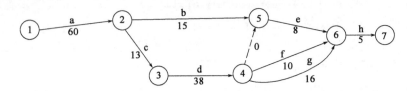

图 9-6 例 9-4 分析网络图(二)

在图 9-6 中,工序 f 和工序 g 有相同的开始④和相同的结束⑥。由于在统筹方法的网络中采用计算机程序计算时,相邻两个点之间不管有多少弧(工序),计算机都认为它们是同一条弧(同一个工序),因此在统筹方法的网络图中不允许两个点之间有多于一条弧的情况发生。为此我们增加了一个点和虚工序,同时调整了一些点的编号得图 9-7,这就是例 9-4 的统筹方法网络图。

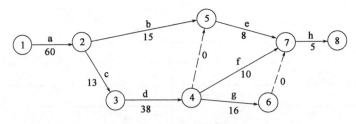

图 9-7 例 9-4 统筹方法网络图

在绘制统筹方法的网络图时,要注意图中不能有缺口和回路。

在网络图中,除发点和收点外,其他各个点的前后都应有弧连接,图中不存在缺口,使网络图从发点经任何路线都可以到达收点,否则将使某些工序失去与其紧前工序的应有联系。必要时可以添加一些虚工序以免出现缺口。

在统筹方法的网络图中不能有回路,否则将使组成的工序永远不能结束。

9.2.2 网络时间与关键路线

在绘制出网络图之后,我们可以用网络图求出:
(1) 完成此工程项目所需的最少时间。
(2) 每个工序的开始时间与结束时间。
(3) 关键路线及其相应的关键工序。
(4) 非关键工序在不影响工程完成时间的前提下,其开始时间与结束时间可以推迟多久。

例 9-5 某公司装配一条新的生产线,其装配过程中的各个工序与其所需时间以及它们之间的相互衔接关系如表 9-10 所示。求:完成此工程所需最少时间,关键路线及相应关键工序,各个工序的最早开始时间及结束时间,非关键工序在不影响工程完成时间的前提下,其开始时间与结束时间可以推迟多久。

例 9-5 工序进度表　　　　　　　　　　　　　　　　表 9-10

工序代号	工序内容	所需时间(d)	紧前工序
a	生产线设计	60	—
b	外购零配件	45	a
c	下料、锻件	10	a
d	工装制造 1	20	a
e	木模、铸件	40	a
f	机械加工 1	18	c
g	工装制造 2	30	d
h	机械加工 2	15	d,e
i	机械加工 3	25	g
j	装配调试	35	b,i,f,h

解 根据表 9-10,绘制网络图,如图 9-8 所示。

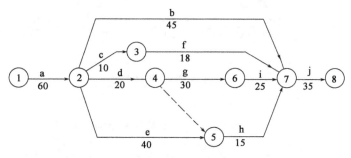

图 9-8　例 9-5 网络图

为了求得完成此工程所需的最少时间,我们必须找到一条关键路线。在网络图上从发点开始,沿着弧的方向(即按照各个工序的顺序)连续不断地到达收点的一条路称为路线。如在图 9-8 中,路①→②→③→⑦→⑧就是一条路线,这条路线由工序 a,c,f,j 组成,要"走"完这条路线,也就是完成 a,c,f,j 四个工序需要的时间为 $60 + 10 + 18 + 35 = 123(d)$。我们要完成所有工序就必须走完所有这样的线路。由于很多工序可以同时进行,所以网络中最长的路线就决定了完成整个工程所需的最少时间,它就等于完成这条路线上的各个工序的时间之和。我们把这条路线称为关键路线,其他的路线称为非关键路线。关键路线之所以关键是因为我们缩短了完成这条路线上的各个工序的时间之和,就缩短了整个工程的完成时间;同样如果我们延长了这个时间之和,那么就延长了整个工程的完成时间。这个关键路线上的各个工序都称为关键工序,其他的工序就称为非关键工序。

下面我们给出找关键路线的办法。

首先,从网络的起点开始,按顺序计算出每个工序的最早开始时间(缩写为 ES)和最早结束时间(缩写为 EF),设一个工序所需时间为 t,则对同一个工序来说,有:

$$EF = ES + t$$

由于工序 a 最早开始时间 $ES = 0$,所需时间 $t = 60$,因此工序 a 的最早结束时间 $EF = 0 + 60 = 60$。我们在网络的弧 a 的上面,字母 a 的右边标上这对数据,如图 9-9 所示。

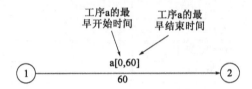

图 9-9 最早开始时间和最早结束时间的表示

由于任一工序只有当其所有的紧前工序结束之后才能开始,所以任一工序的最早开始时间应该等于其所有紧前工序最早结束时间中的最后的时间。上述的等量关系我们称为最早开始时间法则,运用这个法则以及 $EF = ES + t$ 的关系,我们可以依次算出此网络图中的各弧的最早开始时间与最早结束时间,如图 9-10 所示。

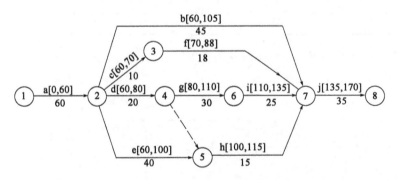

图 9-10 各工序最早开始时间和最早结束时间

在图 9-10 中,例如工序 h 的最早开始时间应取工序 d 和 e 的最早结束时间中的最后时间,即在 80 与 100 中取较大者 100,而其最早结束时间 $EF = ES + t = 100 + 15 = 115$。故在弧 h 上标以 $[100,115]$。

其次,我们从网络的收点开始计算出在不影响整个工程最早结束时间的情况下各个工序的最晚开始时间(缩写为 LS)和最晚结束时间(缩写为 LF),显然对同一工序来说,有:

$$LS = LF - t$$

对工序 j,可知其 $LF = 170, t = 35$,可计算出 $LS = 170 - 35 = 135$。我们把这两个数据标在网络图中弧 j 下面右边的方括号内。

任一工序必须在其所有的紧后工序开始之前结束,这样我们就得到了最晚时间法则:在不影响整个工程最早结束时间的情况下,任一工序的最晚结束时间等于其所有紧后工序的最晚开始时间中的最早时间。

运用这个法则和 $LS = LF - t$ 的关系式,我们可以从收点开始计算出每个工序的 LF 与 LS,如图 9-11 所示。

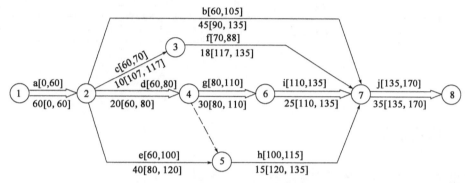

图 9-11 各工序最晚开始时间和最晚结束时间

在图 9-11 中,例如工序 b 的 LF 的值是由其紧后工序 j 的 LS 值得到的,即工序 b 的 $LF = 135$,而工序 b 的 LS 的值为 $LF - t = 135 - 45 = 90$。故在弧 b 下面 45 的右边标以 [90,135]。

接着,我们可以计算出每一个工序的时差,我们把在不影响工程最早结束的条件下,工序最早开始(或结束)的时间可以推迟的时间称为该工序的时差,对每一个工序来说,其时差记为 T_s,有:

$$T_s = LS - ES = LF - EF$$

例如,对工序 b 来说,其时差:

$$T_s = LS - ES = 90 - 60 = 30$$

这就是说工序 b 至多可以推迟 30 天开始(在第 60 天至第 90 天之间的任何时间开始)不至于影响整个工程的最早结束时间。这样可知工序 b 是非关键工序。而对工序 g 来说,其时差:

$$T_s = LS - ES = 80 - 80 = 0$$

这也就是说工序 g 的提前与推迟开始(或结束)都会使整个工程最早结束时间提前与推迟,这样可知工序 g 是关键工序,一般来说关键工序的时差都为 0。

最后将各工序的时差,以及其他信息构成工序时间表,如表 9-11 所示。

工 序 时 间 表　　　　　　　　　表 9-11

工序	最早开始时间(ES)	最晚开始时间(LS)	最早结束时间(EF)	最晚结束时间(LF)	时差($LS - ES$)	是否为关键工序
a	0	0	60	60	0	是
b	60	90	105	135	30	否

续上表

工序	最早开始时间(ES)	最晚开始时间(LS)	最早结束时间(EF)	最晚结束时间(LF)	时差($LS-ES$)	是否为关键工序
c	60	107	70	117	47	否
d	60	60	80	80	0	是
e	60	80	100	120	20	否
f	70	117	88	135	47	否
g	80	80	110	110	0	是
h	100	120	115	135	20	否
i	110	110	135	135	0	是
j	135	135	170	170	0	是

9.2.3 网络优化

绘制网络图,计算网络时间和确定关键路线,得到了一个初始的计划方案,但通常要对初始方案进行调整与完善。根据计划目标综合考虑进度、资源和降低成本等目标,进行网络优化,确定最优的计划方案。网络优化一般由"时间-资源优化"和"时间-费用优化"两步完成,时间-费用优化需要考虑时间与费用的问题:在既定的时间前工程完工的前提下,使得所需的费用最少,或者在不超工程预算的条件下使工程最早完工。为简便起见,本教材仅讨论时间-资源优化。

在编制网络计划安排工程进度时,我们要合理地利用现有资源,并缩短工程周期。为了使工程进度与资源利用都得到比较合理的安排,我们采取以下的做法:

(1)优先安排关键工序所需要的资源。
(2)利用非关键工序的时差,错开各工序的开始时间,拉平资源需要量的高峰。
(3)要统筹兼顾工程进度的要求和现有资源的限制,往往要经过多次综合平衡,才能得到比较合理的计划方案。

下面列举一个拉平资源需要量高峰的例子。在例 9-5 中,若完成工序 d、f、g、h、i 的机械加工工人数为 65 人,并假定这些工人可以完成这五个工序中的任一个工序,下面我们来寻求一个时间-资源优化方案。

有关 d、f、g、h、i 工序所需的机械加工工人人数及上述工序最早开始时间、所需时间及时差如表 9-12 所示。

若干工序的工序时间及所需工人数量　　　　表 9-12

工序	需要机械加工工人人数	最早开始时间	所需时间	时差
d	58	60	20	0
f	22	70	18	47

续上表

工序	需要机械加工工人人数	最早开始时间	所需时间	时差
g	42	80	30	0
h	39	100	15	20
i	26	110	25	0

若上述各工序都按最早开始时间安排,那么从第 60 天至第 135 天的 75 天里,所需的机械加工工人的人数如图 9-12 所示。

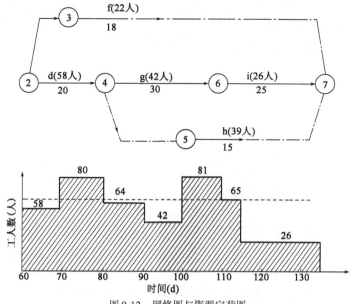

图 9-12 网络图与资源定荷图

在图的上半部中,工序代号后括号内的数字是所需机械加工工人数,"-·-"(点画线)表示非关键工序时差长度。图的下半部表示从第 60 天至第 135 天的 75 天里,所需机械加工工人数,这样的图一般称为资源负荷图。

从图 9-12 中可见:一方面,从第 70 天至第 80 天和从第 100 天至第 110 天这两段时间内,需要工人数达到 80 人与 81 人,远超过了现有工人数;另一方面,从第 90 天到第 100 天和从第 115 天至第 135 天所需工人数仅为 42 人和 26 人,远远少于现有工人数,这种安排的资源负荷是不均匀、不妥当的。

若各工序都按最晚开始时间安排,那么在第 115 天至第 135 天时期内需要工人数为 87 人,也大大超过了现有工人数。

我们应该优先安排关键工序所需的工人,再利用非关键工序的时差,错开各工序的开始时间,从而拉平工人需要量的高峰。经过调整,我们让非关键工序 f 从第 80 天开始,工序 h 从第 110 天开始,找到了时间-资源优化的方案,如图 9-13 所示,在不增加工人的情况下保证了工程按期完成。

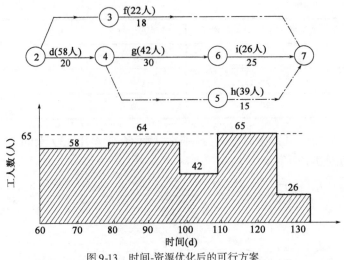

图9-13 时间-资源优化后的可行方案

 习题

1. 在一台车床上要加工7个零件,表9-13列出了它们的加工时间,请确定其加工顺序,以使各零件在车间里停留的平均时间最短。

各零件加工时间   表9-13

零件	1	2	3	4	5	6	7
P_i	10	11	2	8	14	6	5

2. 有7个零件,先要在钻床上钻孔,然后在磨床上加工。表9-14列出了各个零件的加工时间。请确定各零件的加工顺序,以使总加工时间最短,并画出相应的线条图;计算各台机器的停工时间。

各零件钻床和磨床加工时间   表9-14

零件	1	2	3	4	5	6	7
钻床	6.7	2.3	5.1	2.3	9.9	4.7	9.1
磨床	4.9	3.4	8.2	1.2	6.3	3.4	7.4

3. 指出图9-14、图9-15和图9-16所绘制的计划网络图中的错误,如能改正,请予改正。

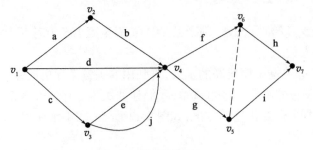

图9-14 计划网络图(一)

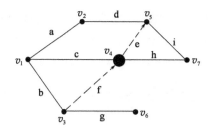

图9-15　计划网络图(二)

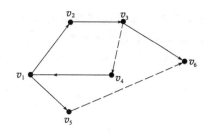

图9-16　计划网络图(三)

4. 请根据表9-15绘制计划网络图。

工序表　　　　　　　　　　　　　　　　　　　　　表9-15

工序	紧前工序	工序	紧前工序
a	—	e	b
b	—	f	c
c	a,b	g	d,e
d	a,b		

5. 对习题4，给出其各工序所需的时间，如表9-16所示。请计算出每个工序的最早开始时间、最晚开始时间、最早结束时间、最晚结束时间；找出关键工序；找出关键路线；并求出完成此工程项目所需最少时间。

完成各工序所需时间　　　　　　　　　　　　　　　　表9-16

工序	所需时间(d)	工序	所需时间(d)
a	2	e	3
b	4	f	2
c	5	g	4
d	4		

6. 对习题4，通过调查与研究对完成每个活动(工序)的时间作了3种统计，其详细资料如表9-17所示。请求出每个活动(工序)的最早开始时间、最晚开始时间、最早结束时间、最晚结束时间；找出关键工序；找出关键路线；并求出完成此工程项目所需平均时间；如果要求以98%的概率来保证工作如期完成，那么应该在多少天以前就开始这项工作。

每个活动(工序)的时间　　　　　　　　　　　　　　　表9-17

活动(工序)	乐观时间(d)	最可能时间(d)	悲观时间(d)
a	1.5	2	3
b	3	4	6
c	3.5	5	6
d	3	4	5.5
e	2.5	3	4
f	1	2	4
g	2	4	5

7. 某项工程各道工序时间及每天需要的人力资源如图 9-17 所示。图中，箭线上的字母表示工序代号，括号内数值是该工序的时差；箭线下左边数值为工序工时，括号内数值为该工序每天需要的人力数。若人力资源限制每天只有 15 人，求此条件下工期最短的施工方案。

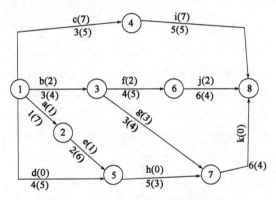

图 9-17　各工序时间及每天需要人力数

第 10 章 库存管理

企业为了保证生产和供应的连续性和均衡性,需要在不同生产和供应环节设立仓库,储备一定数量的物资(原材料、在制品、成品等)。但是储备的数量必须有所限制,数量过多,不仅要占用大量的仓库面积或生产面积,还可能由于长期积压而使物资损坏变质,造成浪费,因此必须加强对库存物资的科学管理。

库存管理的对象很多,广而言之,它可以包括商业企业库存的商品、图书馆库存的图书、博物馆库存的展品等;但是本章讲述的库存管理对象只简单地涉及工业企业,它主要包括下列三个部分:

(1) 有经过企业加工,而为企业生产或其他各方面所需要的原材料、燃料、半成品、部件等,如钢材、电缆、水泥、煤炭、燃油、轴承、发动机、电动机等。

(2) 已经过企业加工,但尚未加工完毕的在制品。

(3) 企业已加工完毕,储而待销的成品与备件等。

10.1 概述

10.1.1 库存管理的作用

库存管理的作用最基本的一个方面就是保证工业企业的生产能够正常地、连续地、均衡地进行。具体说来,库存管理的作用可分为下列几种。

1. 适应原材料供应的季节性

以农产品为原材料的工业企业,如制糖厂、卷烟厂、棉纺厂、面粉厂等,由于甘蔗、甜菜、烟叶、棉花、麦子等农产品在成熟与供应上的季节性,为了保证在一年中基本上做到均衡生产,必须在上述原材料的供应旺季储备足够的原材料,以备长年之需。

2. 适应产品销售的季节性

某些产品如电风扇、空调、各种取暖设备、夏季服装、冬季服装等，都存在着不同程度的销售旺季和销售淡季。生产上述这些产品的工业企业，在销售淡季时，除了必须更多地考虑科技进步、款式变动，从而对产品进行更新换代、变型变装以外，为了保持职工队伍的基本稳定，为了达到生产的基本均衡，还必须逐渐积储起一定数量的成品，以便销售旺季来临时，使本企业的产品占有更大的市场销售份额。

3. 适应运输上的合理性和经济性

利用火车托运物资，以装满一节车厢运费较低；采用集装箱装运货物，以装满一个集装箱运费较低；采用汽车运输物品，以装满汽车运费较低；如此等等。企业从降低运费的观点出发，经过衡量得失，有时不得不购进较多的原材料及企业所需的其他物资，从而形成企业所需的投入物资的库存。同样，也是为了降低运费，企业有时必须积存自己的产出物——成品和备件，以便整车、整箱地运出。

4. 适应生产上的合理安排

在企业的生产过程中，有的设备生产率很高，该设备在几天内所产出的某种零件就可满足装配线一个月乃至几个月的需要，因而就会形成该种零件的库存。对生产率高的设备，组织品种类同、批量不同的产品轮番生产，是企业合理安排生产任务的常用方法。

5. 适应批发量的大小

企业在采购原材料及其他物资时，供应方会据批发量的大小定出不同的优惠价格。这种价格上的优惠，也可称为数量折扣。企业经过经济效益上的全面核算，可以选定某个批发量作为进货量，从而就会形成一定的库存。

10.1.2 库存管理的意义

工业企业作为一个微观的经济系统，它必然要以宏观的经济系统作为自己的依存环境，在供、产、销、储、运等方面搞好内部与外部的协调和配合，才能获得良好的社会效益和经济效益，才能维持企业的生存与发展。

上面所说的储就是指库存管理。库存管理的意义，或者说库存管理的目标，主要可以概括为以下两点：

(1) 保证企业按科学的计划实现均衡生产，不要因缺少原材料或其他物资而停工停产。
(2) 使库存管理的总费用达到最低。

10.1.3 库存管理的内容

系统是一个有输入和输出功能的有机整体，根据系统的一般定义来分析企业的库存问题，则可把企业向外部供应半成品或成品看作系统的输出。输出的方式可以是间断的，也可以是连续的，其供应的时间和数量是由外部环境决定的，企业本身不能控制。为了符合社会效益，必须以需定产。而原材料的采购或半成品的生产则可以看作系统的输入，在一定程度上，其订购的数量和时间可以由企业本身来控制。因此库存管理的主要内容,就是通过调节和控制存储的输入和输出的关系,来寻求最佳的经济效益。具体来说,主要包括:

(1) 确定经济采购量或经济生产批量。
(2) 确定一个合适的订购提前量。
(3) 确定一个合适的安全库存量。
(4) 计算最小库存费用。
(5) 提出行之有效的管理与控制方法。

10.2 库存管理的存货台套法与 ABC 分析法

10.2.1 库存管理的存货台套法

存货台套的英文为 stock keeping unit,在某些企业中可以译成存货储备单元(简称存货单元),如面包店的面粉单元,该单元中可以包括各种规格的面粉;在某些企业中可以译成存货储备台套(简称存货台套),如汽车制造厂的轴承台套,可以包括一辆汽车中所要装配的几种轴承或全部轴承(若全部轴承由同一个轴承厂供应)。

存货台套法的内容:以存货台套作为存货管理的单位,在某个存货台套中可以包括有关的各种单项存货。例如某个小汽车制造厂的某几类轴承是由同一个轴承厂供应的,那么这几类轴承就可以归并为一个轴承台套,在这个轴承台套中,包括由该轴承厂供应的各种规格的轴承以及它们相应的数量。对于这个轴承台套的内涵,不但汽车制造厂的有关部门是熟知的,而且轴承厂的有关部门也是明确的,这样,在计划、订货、发货和办理其他手续时,就不必罗列每种单项轴承的名称及数量,从而简化了工作内容,并可保证供应的成套性。

当然每个台套的内容可以有多有少。轴承台套可以包括几种乃至十几种不同的轴承,而发动机台套则只包括一台发动机及其相应附件。

10.2.2 库存管理的 ABC 分析法

在大规模的机械制造厂中,在各类仓库中存放的存货可能有几千种存货台套或存货单元。在这么多存货中,有简单的金属零件,如螺帽、螺杆、螺钉等,在这类存货台套中,某个单个零件,比如一个木螺钉可能只值几分钱。而在发动机这个台套中,一台发动机的成本就可能要几万元乃至十几万元。

在存货成本的差距如此大的情况下,对所有的存货台套或存货单元采用同样的库存管理方法是不合适的。因此采用 ABC 分析法这样一种库存管理方法就变得相当普遍了。

ABC 分析法就是按各种存货台套或存货单元的年度需用价值,将它们分为 A、B、C 三类。

(1) A 类存货台套。

就存货台套数而言,它们只占全部存货台套数的 10%,而就年度需用价值而言,它们占全部存货年度需用价值的 70%,将这类存货台套称为 A 类存货台套。

对这些台套不多的 A 类存货应该细致地加强管理,原因有以下几点:

①台套的数量不多,因而比较容易管理。例如一家面包店,一个包括各种面粉的面粉单元,它的价值通常占该店全部存货价值的 60%,因而细致地管好这个单元,就等于管住了全部存货的 60%。

②对 A 类存货台套或存货单元投入的管理投资,能够获得较好的经济效果。例如企业对大型的台套(如发动机台套、电动机台套等)投入的管理投资,假设是投入测试设备的投资,其可能产生的经济效果——保证次品不上装配线,是具有极大的经济和管理意义的。

③另一些存货单元,如防火设备、易爆炸物品、剧毒物品甚至放射性同位素等,不论它们的价值大小,因它们具有特殊的作用,需要特殊的保存方法,亦应将其视为 A 类存货台套,进行细致、强有力的管理。

(2) B 类存货台套、C 类存货台套。

B 类存货台套约占总存货台套数的 30%,但是它们的年度需用价值只占该企业全部存货年度需用价值的 20%。C 类存货台套约占总存货台套数的 60%,但是它们的年度需用价值只占全部存货年度需用价值的 10%。

由于 B 类、C 类存货台套所占的价值量较小,而存货台套数却较多,因此在管理上不必过分细致,可以适当粗略些。例如对有些存货台套不妨按季度订货、进货,甚至按半年订货、进货,对这些存货的管理只要求不缺货、不影响生产、不锈蚀变质,不造成经济损失。

下面将要讲到的几种主要的库存管理技术是针对 A 类存货台套和部分 B 类存货台套来处理的。

10.3 库存费用与平均库存

建立库存费用模型主要是为了探讨库存数量与库存费用之间的关系,即在保证生产正常进行的情况下,寻求使库存费用最低的采购量或生产批量。

10.3.1 库存费用分析

1. 库存费用模型结构

企业的仓库可以分为原材料库、半成品和成品库两类。为了建立库存模型,必须了解各类仓库库存费用的构成情况。

(1) 原材料库库存费用模型结构。由供应部门定期向外采购生产所需各种原材料,存入仓库供生产部门按实际需求提取。这类仓库库存量,直接涉及各类费用的变化。其库存费用模型结构为:

$$TC = P + C \tag{10-1}$$

其中，TC 为库存费用；P 为订货费；C 为保管费。

在保证正常供应条件下（不考虑缺货费用），随着订货量的增大，计划期限内（一般以年为限）采购次数减少，订货费下降，但保管费相应上升。因此，为减少库存费用，必须确定一个经济采购量。

（2）半成品和成品库库存费用模型结构。生产计划部门将生产所需要的原材料或毛坯，按一定批量投入，经生产加工装配，转为产品入库，然后按计划或合同调拨或批发出售。这类仓库的最大库存量就是生产批量，它的大小也直接涉及各类费用的变化。其库存费用模型结构为：

$$TC = S + C \tag{10-2}$$

其中，S 为工装调整费；C 为保管费。

随着生产批量加大，计划期（年）内的投产批次减少，工装调整费相对下降，但库存量加大，保管费相应上升。因此，为降低库存费用，必须确定一个经济批量。

上述两类仓库的库存模型结构，涉及下述三种费用。

2. 库存费用

（1）订货费用。订货费用是当安排某项订货时，每次都要承担的费用。订货费用是从向采购机构发出采购订单开始的，最后就是采购机构向供应方付款及结账的费用。订货费用包括采购人员工资、办公费、差旅费、手续费、检验费等。订货费用直接与计划期内的采购次数或订货合同的数量有关。订货费用计算公式如下：

$$P = \frac{D}{Q} \cdot P_0 \tag{10-3}$$

其中，D 为年需要量；Q 为订货量；P_0 为一次订货费。

对于存货台套或存货单元的运费，特别是当运输距离很长时，运费不是按每次订货的货币额表示的，而是按存货台套、存货单元、物品件数、物品质量或体积计算的。因此，运费一项就应像物品的单价那样，按存货台套、存货单元计算，这样进入企业仓库的物品单价已不是供应方的出厂价，而应该是加上运费的本企业的进厂价。这样，运费一项就不列入订货费用之中。

（2）工装调整费。工装调整费是在批量生产情况下，每批投产前的工艺装备、工卡具和设备的调整以及检验所需费用。其主要用于半成品和成品库的库存费用模型结构中。它也属于一次性费用，直接与计划期投入的批次有关。计算公式如下：

$$S = \frac{R}{N} \cdot P_s \tag{10-4}$$

其中，R 为年计划产量；N 为生产批量；P_s 为一次工装调整费。

（3）保管费用。保管费用主要是企业自己拥有存货或保管存货所要承担的费用。它是与库存物资有关的费用，包括仓库建筑物和设备折旧、保险费、管理费、搬运费、维修费、保管期间物资流失变质的损失费等，这些均属纯保管费。此外，还有投入库存物资方面的资金利息等。

保管费直接与库存量有关，与库存物资的平均库存量（一般取库存量的1/2，如图10-1所示）成比例，计算公式如下：

$$C = \frac{N}{2} \cdot C_0 \tag{10-5}$$

其中，$N/2$ 为平均库存量；C_0 为单位物资在计划期内的保管费。

由图 10-1 可知,式中 $N/2$ 为平均库存量。就库存来说,进货后库存量随着生产的需求取用,直到为 0。从进货后到再次进货前的期间内用平均库存量计算。

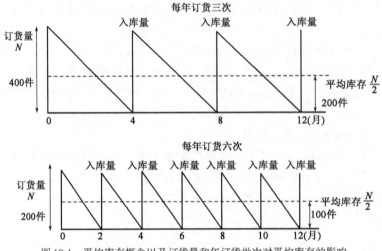

图 10-1　平均库存概念以及订货量和年订货批次对平均库存的影响

计划期计算采购费用的需要量或计算工装调整费用的计划产量,必须单位统一,如果计划期是年,则表示单位物资保管一年的费用,而不是进货或生产一批的某个周期内单位物资的保管费。单位物资可按质量计,或按占用的仓库面积计,在大多数情况下,由于仓库库存物资的品种较多,各个品种的数量、质量和占库的面积不一样,单件保管费计算困难,因而多采用保管费率 C_i 的方法来计算,C_i 的计算公式如下:

$$C_i = \frac{C}{M} \tag{10-6}$$

其中,C_i 为保管费率;M 为平均存货总额。

按整个企业计算的年保管费率 C_i 适用于一般的存货台套、存货单元,以计算它们的年度保管费用。

对于某些特殊的存货台套、存货单元,或因它们占用的存货资金较大,或因它们需要支付特殊的保管费用,可以按不同台套、不同单元单独计算年保管费率。如发动机台套的年保管费率 $C_{发i}$ 也可按下式计算:

$$C_{发i} = \frac{C_发}{M_发}$$

其中,$C_发$ 全年为发动机台套所支出的保管费用总额;$M_发$ 为全年发动机台套的平均存货额。

式(10-5)也可用下式表示:

$$C = \frac{N}{2} \cdot R \cdot C_i \tag{10-7}$$

其中,R 为库存物资单价。

保管费是一项可观的、不可忽视的费用,据统计,保管费平均占库存资金的 20% 以上。

10.3.2　平均库存的概念

在推导经济批量库存模型之前,必须对库存的单项品种的采购做出一定的假设。首先,假定该品种的使用量是恒速的并为决策人所预知;其次,假定提前时间,也就是从订货单的发出到货物入库经过的时间或者说收集各品种货物所需时间是恒定的。虽然这些假设(恒定的使用量和恒定的提前时间)对于现实的库存问题来说是很少成立的,但是它们确定使我们能够推选出一种简单模型,然后将更多现实的、复杂的因素引入其中。

为了理解平均库存的概念,下面引入平均库存量和平均库存额,并予以说明。

1. 平均库存量

假如我们在上述假设下,以 N 表示订货量。如图10-1所示,当每批次新订货实际入库时,库存的数量等于 N。然后存货逐渐用尽,直到等于0,而它等于0的点正好是下批次新订货的入库点。可以看出,平均库存量等于订货量的一半。正如图10-1所描述的,平均库存量受订货量和年订货批次的影响。而每批次新订货的入库时间正好是前一批次订货耗尽之时,这就使得存货短缺的现象不会发生。

2. 平均库存额

平均库存额也称平均存货额。平均库存额的计算公式如下:

$$M = \frac{N}{2} \cdot R \tag{10-8}$$

可见,式(10-7)是由式(10-6)和式(10-8)得到的。

关于平均库存额的概念,一般来说,有两种解释:

(1)就某个存货台套或存货单元来说。如某家小汽车制造厂,年产小汽车12000辆,年需用发动机12000台套。经过计算和修匀调整,它的经济订货量为1000台,也即每个月订货及进货1000台。如果不计算发动机台套的保险储备量(为补救临时缺货而额外存储的储备量),则发动机台套的最大储备量为月初刚进货时的1000台套,而它的最小储备量则为月末的0台套(在月初进厂的1000台套已全部为装配线所用),因此在一个月中,就每一天来说,它们的平均储备量为:(1000+0)/2=500(台)。若每个台套发动机的进厂价为20000元,则发动机台套的平均存货额为:(1000+0)/2×20000=10000000(元)。

(2)就全厂的全部存货来说。一般较大的工业企业有几百个乃至几千个存货台套、存货单元。为了节减用于存货方面的流动资金,对库存管理得好的企业,从每一天来看,通常它会使不同的存货台套、不同的存货单元处在不同的存货量水平,如有的存货处在最高存货量的10/10的水平,而有的存货则处在最高存货量的9/10,8/10,…,2/10,1/10,0的水平,这样,在不计算保险储备的情况下,从每天来看,该企业留在仓库中的各种存货总额就是全部存货最高存货额的1/2。要做到这一点,企业的存货管理部门就要实行叉开进货,每天、每周均衡进货的原则。

10.4 经济订货量的计算公式及其典型应用

经济订货量(economic order quantity,简称EOQ)是使总的存货费用达到最低的为某个存货台套或某个存货单元确定的最佳订货量。即它使全年(或另外一个时间区间)的保管和订货总费用达到最小值。在这个模型中,我们假定年需求量(使用量)是确定的和已知的。它有下述几种计算方法。

10.4.1 表格计算法(或称列表法)

表格计算法是求解经济订货量的方法之一。这个方法的步骤如下:①选择一定数目的每次可能购买的数量方案;②确定每种方案的总费用;③选出总费用最低的订货量。表10-1描述了这种方法。

经济订货量表格计算法　　　　　　　　　表10-1

年订货次数	每次订货量(件)	平均库存(件)	保管费用(元)(每年20%)	订货费用(元)(每批12.50元)	年总费用(元)
1	8000	4000	800.00	12.50	812.50
2	4000	2000	400.00	25.00	425.00
4	2000	1000	200.00	50.00	250.00
8	1000	500	100.00	100.00	200.00
12	667	333	66.60	150.00	216.60
16	500	250	50.00	200.00	250.00
32	250	125	25.00	400.00	425.00

在这个例子中,年需求量为8000件,每批次的订货费用为12.50元,平均库存的保管费用是每年平均库存额的20%,每件价值是1元。表10-1表明,计算的诸方案中,订货量为1000件的方案年总费用最低。值得注意的是,在这个年总费用最低的方案中,保管费用与订货费用相等。在此例中,我们碰巧确定了可能的最低费用,如果我们没有计算年订货次数为8的方案,那就只能在剩下的六种方案中进行选择。这表明,表格计算法具有很大的局限性。在许多具体事例中,只有在计算了相当大量的方案以后,才能确定可能的最低总费用方案。

采用表格计算法来求得经济订货量是一种简单而明确的方法,下面我们再举例子来加以说明。

例10-1 设某厂今年全年将从某轴承厂订购轴承台套,按进厂价格估计,共计100000元,根据会计部门测算,每订购一次的订购费用总额为250元;库存保管费用按年率计算,约占平均存货额的12.5%。按照这些数据,会计部门已对几种不同的订货次数、订货量,计算出该项轴承台套相应的不同的总库存费用,并确定当全年订货5次,每次订货额为20000元时,全年库存总费用最低,是最佳的订货方案,见表10-2。

经济订货量的表格计算法　　　　　　　　　表10-2

1行	说明	全年订货次数	1次/年	2次/年	3次/年	4次/年	5次/年	6次/年	10次/年	20次/年
2行	每次订货额	全年订货总额100000元/1行	100000元	50000元	33333元	25000元	20000元	16667元	10000元	5000元
3行	仓库中的平均库存额	2行×$\frac{1}{2}$	50000元	25000元	16667元	12500元	10000元	8334元	5000元	2500元

续上表

1 行	说明	全年订货次数	1 次/年	2 次/年	3 次/年	4 次/年	5 次/年	6 次/年	10 次/年	20 次/年
4 行	年保管费总额	3 行×12.5%	6250 元	3125 元	2083 元	1563 元	1250 元	1042 元	625 元	313 元
5 行	年订货费用	1 行×250 元/次	250 元	500 元	750 元	1000 元	1250 元	1500 元	2500 元	5000 元
6 行	年存货费用总额	4 行+5 行	6500 元	3625 元	2833 元	2563 元	2500 元	2542 元	3125 元	5313 元

↑
最佳的订货方案

从表 10-2 中我们可以看到,最佳的订货方案是全年订货 5 次,每次订货额为 20000 元;采用这个订货方案时,全年存货费用总额为 2500 元,是所计算的 8 个订货方案中最低的。

从最佳的订货方案中,我们可以看到它的年保管费总额是与年订货费用相等的,都是 1250 元,这不是偶然的巧合。在下面推导经济订货量的计算公式时,我们会明白求得最佳订货量时,必然有计划期保管费总额等于计划期订货费用。

从表 10-2 中我们还可以看到,在最佳订货方案的左侧和右侧这两个订货方案:①全年订货 4 次,每次的订货额为 25000 元,年存货费用总额为 2563 元;②全年订货 6 次,每次的订货额为 16667 元,年存货费用总额为 2542 元。这两个订货方案与最佳订货方案在经济上的优越性方面是相近的,因此当企业考虑到供应方提供的销量优惠和运输企业提供的运量优惠时,可以向最佳方案的左右两侧进行修匀调整。

10.4.2 图解法

用表 10-1 的数据可以进行图解,这种图解能够显示出经济订货量问题所涉及的互相对立的各种费用的性质。由图 10-2 可见,总费用的曲线呈 V 形。它表明,每年的库存保管和订货两项的总费用,开始是递减的,然后在保管费用与订货费用相等处达到最低点,之后,随着订货量的增加而递增。我们的基本目标是在曲线上找出使可变总费用最小的经济订货量数值。然而,没有专门的费用和价值数据,要对保管费用、订货费用和总费用进行准确的绘图是不可能的。

实际上,没有几家公司对于每种存货都去计算费用,而是利用相似性将存货进行分组,然后将经济订货量逻辑应用到这些组上。读者尽可以反对这种缺乏严密性的做法,但是对其曲线的检查(如在图 10-2 中)表明,围绕着最小费用点有一个比较平缓的区域,这意味着在一定的费用假定下,可能造成的误差在 10% 以下(据作者经验得出)。这个误差对经济订货量的影响是不大的。这样,参照敏感性分析的概念,经济订货量相对其参数的变动来说,不是太敏感。

10.4.3 数学方法

1. 代数方法

如前所述,总库存费用的最经济点就是库存保管费用等于订货费用的点。这是代数方法的基础。导出经济订货量模型的步骤如下:

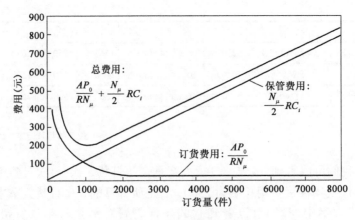

图 10-2　经济订货量曲线

(1) 设定变量。

N_μ：使总存货费用达到最低情况下的最佳订货量(以台套或单元表示)；

A：全年所需的存货台套或存货单元的总值(以金额表示)；

R：每个台套或每个单元的单位价格(进厂价格)；

P_0：每次订货的订货费用；

C_i：用平均存货额的百分比来表示的保管费率。

上述 5 个变量中，只有最佳订货量 N_μ 是未知数，是我们所要求解的变量。其余 4 个变量是我们所要收集的数据。

(2) 推导公式。

从表 10-1 和表 10-2 可知：

$$\text{订货费用} = \text{保管费用}$$

由式(10-3)和式(10-7)得：

$$\frac{\frac{A}{R}}{N_\mu} \cdot P_0 = \frac{1}{2} N_\mu \cdot R \cdot C_i$$

则：

$$N_\mu = \sqrt{\frac{2AP_0}{R^2 C_i}} \tag{10-9}$$

2. 导数方法

设 TC 为某存货台套或存货单元的年库存费用，则：

$$TC = \frac{\frac{A}{R}}{N_\mu} P_0 + \frac{1}{2} N_\mu R C_i \tag{10-10}$$

在式(10-10)中，等号右边的第一部分即为该项存货的全年订货费用，第二部分为全年保管费用。

为了书写和下面求导数时方便，我们将式(10-10)改写为：

$$TC = \frac{AP_0}{R}(N_\mu^{-1}) + \frac{1}{2} N_\mu R C_i$$

要使总的库存费用最小,必须使 TC 对 N_μ 的一阶导数等于 0,即:

$$\frac{\mathrm{d}(TC)}{\mathrm{d}(N_\mu)} = 0$$

$$\frac{\mathrm{d}\left[\frac{AP_0}{R}(N_\mu^{-1}) + \frac{1}{2}N_\mu RC_i\right]}{\mathrm{d}(N_\mu)} = 0$$

对上式一阶求导数的结果如下:

$$\frac{AP_0}{R}(-1)N_\mu^{-2} + \frac{1}{2}RC_i(1)N_\mu^0 = 0$$

$$-\frac{AP_0}{RN_\mu^2} + \frac{1}{2}RC_i = 0$$

$$\frac{AP_0}{RN_\mu^2} = \frac{1}{2}RC_i$$

$$N_\mu^2 = \frac{2AP_0}{R^2 C_i}$$

$$N_\mu = \sqrt{\frac{2AP_0}{R^2 C_i}} \tag{10-9}'$$

式(10-9)′就是计算最佳订货量的公式。

在上面的推导过程中,有下面的一个方程式:

$$\frac{AP_0}{RN_\mu^2} = \frac{1}{2}RC_i$$

上式可转化为:

$$\frac{AP_0}{RN_\mu} = \frac{1}{2}N_\mu RC_i \tag{10-11}$$

式(10-11)的左边即为该项存货的年订货费用,右边即为该项存货的年保管费用,N_μ 即为最佳订货量,这就证明:在最佳的订货方案中,该项存货的年保管费用必然等于它的年订货费用。

这里我们将例 10-1 的经济订货量的表格计算法中所用过的数据抄录下来:$A = 100000$ 元/年,$P_0 = 250$ 元/次,$C_i = 12.5\%$。

再假设每个轴承台套的进厂价为 500 元/台套,即 $R = 500$ 元/台套。

然后将这些数据代入式(10-9),可得:

$$N_\mu = \sqrt{\frac{2 \times 100000 \times 250}{500^2 \times 12.5\%}} = 40 \text{(台套)}$$

由此可知,最佳订货量 $N_\mu = 40$ 台套;最佳订货金额为 40 台套 × 500 元/台套 = 20000 元;两种计算方法(表格计算法和公式计算法)的结果是完全一样的。

10.4.4 典型应用

经济订货模型的 EOQ 公式中库存保管费用和订货费用相等这个条件,可以应用于企业库存管理中每次订货的最佳总金额、最佳订货次数。下面分别予以讨论。

1. 每次订货的最佳总金额

对于每次订货的最佳总金额,设定下述参量:

P_μ:每次订货的最佳总金额(订货额);
A:全年所需的存货台套或存货单元的总值(以金额表示);
R:每个台套或每个单元的单位价格(进厂价格);
P_0:每次订货的订货费用;
C_i:用平均存货额的百分比来表示的保管费率;
N_μ:每次订货的最佳订货量(以台套或单元表示)。

与前面一样,推导 EOQ 公式的基本条件是库存保管费用等于年订货总费用。

由式(10-11):

$$\frac{AP_0}{RN_\mu} = \frac{1}{2} N_\mu R C_i$$

又由:

每次订货的最佳订货额 = 最佳订货量 × 单价

$$P_\mu = N_\mu R \tag{10-12}$$

则有:

$$\frac{AP_0}{P_\mu} = \frac{1}{2} P_\mu C_i$$

所以:

$$P_\mu = \sqrt{\frac{2AP_0}{C_i}} \tag{10-13}$$

实际上,如果已求得 N_μ,我们可以直接由式(10-12)求得 P_μ。

另外,我们也可以通过式(10-9)和式(10-12)求得 P_μ。

将例 10-1 的数据代入式(10-13),计算如下:

$$P_\mu = \sqrt{\frac{2AP_0}{C_i}} = \sqrt{\frac{2 \times 100000 \times 250}{12.5\%}} = 20000(元)$$

2. 最佳订货次数

对于最佳订货次数,设定下述参量:

Z_μ:使库存总费用最小的最佳订货次数;
A:全年所需的存货台套或存货单元的总值(以金额表示);
R:每个台套或每个单元的单位价格(进厂价格);
P_0:每次订货的订货费用;
C_i:用平均存货额的百分比来表示的保管费率;
P_μ:每次订货的最佳订货额。

$$\frac{AP_0}{RN_\mu} = \frac{1}{2} N_\mu R C_i$$

$$P_\mu = N_\mu R$$

又由:

$$全年所需的库存总额 = 最佳订货额 \times 最佳订货次数$$
$$A = P_\mu \cdot Z_\mu \tag{10-14}$$

因此:

$$Z_\mu = \frac{A}{P_\mu} = \frac{A}{N_\mu R}$$

$$Z_\mu P_0 = \frac{1}{2} \frac{A}{Z_\mu} C_i$$

$$Z_\mu^2 = \frac{A C_i}{2 P_0}$$

$$Z_\mu = \sqrt{\frac{A C_i}{2 P_0}} \tag{10-15}$$

另外,我们也可以由式(10-9)、式(10-14)和式(10-13)求得 Z_μ。将例10-1的数据代入式(10-15)或式(10-14)可求得 $Z_\mu = 5$ 次/年。

10.5 正确估价供应商提供的数量折扣

10.5.1 大批量采购的优缺点

1. 大批量采购的优点

(1) 可以按较低的单位价格采购。
(2) 由于大批量采购,可以减少订货次数,降低订货费用。
(3) 大批量采购,也可大批量运输,因而获得运价优惠。
(4) 由于进货的批量大,缺货的可能性就降低。

2. 大批量采购的缺点

(1) 由于大批量进货,保管费用就较高。
(2) 需要占用更多的资金。
(3) 库存货物会变得陈旧、过时。
(4) 库存货物的更换率较低。
(5) 适应时尚的灵活性较低,特别是服装、化妆品等商品。
(6) 由于库存量增大,损耗会增大,货物贬值的可能性也会增大。

10.5.2 正确评价供应者所提供的数量折扣

在这里,我们仍然以表10-2的轴承台套为例。

企业原来全年所需要的轴承台套数为：

$$\frac{100000 \text{元}}{500 \text{元/台套}} = 200 \text{台套}$$

按表 10-2 及式(10-9)的计算结果，最佳的订货方案为：每次订货 40 台套，每台套的进厂价格为 500 元，每次订货额为 20000 元，全年共订货 5 次。

假设供应商提出，企业若能每次订货 100 台套，他们就能给予价格优惠。经过会计部门的仔细核算，若企业接受供应商的价格优惠，再加上运输机构提供的运价优惠，每个轴承台套的进厂价格就可由原来的 500 元/台套降至 450 元/台套；由于轴承不会陈旧、过时，不易腐蚀损坏，企业将订货量提高到 100 台套以后，不会产生损失费用。根据这些条件，试问企业是否应接受此项数量折扣，将订货量提高到 100 台套？

评价：

1. 原方案（每次订货 40 台套）

(1) 轴承台套的全年采购价(进厂价)：

$$200 \text{台套} \times 500 \text{元/台套} = 100000 \text{元}$$

(2) 全年订货费用：

$$\frac{200 \text{台套}}{40 \text{台套/次}} \times 250 \text{元/次} = 1250 \text{元}$$

(3) 全年保管费用：

$$\frac{1}{2} \times 500 \text{元/台套} \times 40 \text{台套} \times 12.5\% = 1250 \text{元}$$

(4) 上述 3 项金额合计：

$$100000 \text{元} + 1250 \text{元} + 1250 \text{元} = 102500 \text{元}$$

2. 新方案（每次订货 100 台套）

(1) 轴承台套的全年采购价(进厂价)：

$$200 \text{台套} \times 450 \text{元/台套} = 90000 \text{元}$$

(2) 全年订货费用：

$$\frac{200 \text{台套}}{100 \text{台套/次}} \times 250 \text{元/次} = 500 \text{元}$$

(3) 全年保管费用：

$$\frac{1}{2} \times 450 \text{元/台套} \times 100 \text{台套} \times 12.5\% = 2812.5 \text{元}$$

(4) 上述 3 项金额合计：

$$90000 \text{元} + 500 \text{元} + 2812.5 \text{元} = 93312.5 \text{元}$$

3. 评价结果

$$102500 \text{元} - 93312.5 \text{元} = 9187.5 \text{元}$$

根据 3 项金额合计数的比较，每次订货 100 台套的新方案可比原方案少支出 9187.5 元，因此，新的订货方案是可以接受的。

习题

1. 某印刷厂下一年度需用印刷纸 2000 卷,经会计部门核算预测,该种纸的进厂价为 200 元/卷,采购该种纸的订货费用为 500 元/次,该种纸的年保管费用率为平均存货额的 25%。试求该种纸的最佳订货量。

2. 在本章所举的采购轴承台套的例 10-1 中,在其他条件不变的情况下,若供应者所提供的数量折扣,根据会计部门核算,在考虑运输部门提供的运价优惠以后,每个轴承台套的进厂价为 490 元/套,经过计算,试问该企业应接受供应者的数量折扣,将订货量提高到每次订购 100 台套吗?

3. 计算本章例 10-1 中以表 10-2 所列的轴承台套的每次订货的最佳供应天数(计算时以每年 365 天为基准)。

提示:(1)年保管费用 = 年订货费用。

(2)最佳供应天数 = 365/最佳订货次数[见式(10-15)]。

第11章

决策分析

决策分析是在人们生活和工作中普遍存在的一种活动,是为处理当前或未来可能发生的问题,选择最佳方案的一种过程。比如,一个企业对某种新产品的市场需求情况不是十分清楚,即可能有好、中、差三种情况,情况好就能获利,中等情况就不赔不赚,如果情况差就要亏本,到底投不投产,这就需要进行决策分析。

一项设计或计划通常总会面对几种不同的情况(决策分析中称为自然状态),有几种不同的方案(决策分析中称为行动方案)可供选择,决策的好坏,小则关系能否达到预期目的,大则决定企业的成败,关系部门、地区以至全国经济的盛衰。决策是管理过程的核心。管理者必须有科学的作风,掌握科学的决策原理和方法。

决策问题通常分为三类:确定型、风险型、不确定型。

确定型决策是在决策环境完全确定的条件下进行的,因而其所做的选择的结果也是确定的,譬如在前面所讲的线性规划的问题就属于确定情况下的决策问题。

风险型决策和不确定型决策都是在决策环境不是完全确定的情况下进行决策,它们之间的区别在于:前者对于各自然状态发生的概率,决策者是可以预先估计或计算出来的;而后者对于各自然状态发生的概率,决策者是一无所知的,只能靠决策者的主观倾向进行决策。

在这一章里先介绍不确定情况下的几个决策准则;接着介绍在风险情况下的决策准则和方法;最后介绍效用理论在决策中的应用。

11.1 不确定情况下的决策

在不确定的情况下,决策者知道将面对一些自然状态,并知道将采用的几种行动方案在各个不同的自然状态下所获得的相应的收益值,但决策者不能预先估计或计算出各种自然状态出现的概率。

以下介绍不确定情况下的几个准则,决策者可以根据具体情况,选择一个最合适的准则进行决策。

11.1.1 最大最小准则

决策者从最不利的角度去考虑问题,先选出每个方案在不同自然状态下的最小收益值,再从这些最小收益值中选取一个最大值,从而确定最优行动方案,故此准则又称悲观准则。

例 11-1 某公司现需对某新产品生产批量作出决策,现有三种备选行动方案,即 S_1(大批量生产)、S_2(中批量生产)、S_3(小批量生产),未来市场对这种产品的需求情况有两种可能发生的自然状态,即 N_1(需求量大)、N_2(需求量小)。经估计,采用某一行动方案而实际发生某一自然状态时,公司收益值 $\alpha(S_i, N_j)$ 如表 11-1 所示,也称此收益表为收益矩阵,请用最大最小准则作出决策。

公司收益值(单位:万元)　　　　　　　　　　　表 11-1

行动方案	N_1(需求量大)	N_2(需求量小)
S_1(大批量生产)	30	-6
S_2(中批量生产)	20	-2
S_3(小批量生产)	10	5

解 $\alpha(S_i, N_j)$ 表示采用方案 S_i,而发生的自然状态为 N_j 时公司的收益值,如表这样可知采用 S_1 时在各种不同自然状态下的最小收益为 -6,即:

$$\min_{1 \leq j \leq 2} \alpha(S_1, N_j) = \min\{30, -6\} = -6$$

同样有:

$$\min_{1 \leq j \leq 2} \alpha(S_2, N_j) = \min\{20, -2\} = -2$$

$$\min_{1 \leq j \leq 2} \alpha(S_3, N_j) = \min\{10, 5\} = 5$$

再从这些最小收益中选取一个最大值 5,即:

$$\max_{1 \leq i \leq 3} \{\min_{1 \leq j \leq 2} \alpha(S_i, N_j)\} = \max\{-6, -2, 5\} = 5$$

故方案 S_3 最优,如表 11-2 所示。

最大最小准则决策(单位:万元)　　　　　　　　　　　表 11-2

行动方案	N_1(需求量大)	N_2(需求量小)	$\min\limits_{1 \leq j \leq 2} \alpha(S_i, N_j)$
S_1(大批量生产)	30	-6	-6
S_2(中批量生产)	20	-2	-2
S_3(小批量生产)	10	5	5(max)

11.1.2 最大最大准则

根据此准则,决策者从最有利的结果去考虑问题,先找出每个方案在不同自然状态下收益值 $\alpha(S_i, N_j)$ 的最大值,再从这些最大收益值中选取一个最大值,相应方案为最优方案,故此准则也称乐观准则。

采用最大最大准则求解例 11-1,得到:

$$\max_{1\leqslant j\leqslant 2}\alpha(S_1,N_j) = \max\{30,-6\} = 30$$

$$\max_{1\leqslant j\leqslant 2}\alpha(S_2,N_j) = \max\{20,-2\} = 20$$

$$\max_{1\leqslant j\leqslant 2}\alpha(S_3,N_j) = \max\{10,5\} = 10$$

最后得到:

$$\max_{1\leqslant i\leqslant 3}\{\max_{1\leqslant j\leqslant 2}\alpha(S_i,N_j)\} = \max\{30,20,10\} = 30$$

可见在此准则下,方案 S_1 最优,如表 11-3 所示。

最大最大准则决策(单位:万元) 表 11-3

行动方案	N_1(需求量大)	N_2(需求量小)	$\max\limits_{1\leqslant j\leqslant 2}\alpha(S_i,N_j)$
S_1(大批量生产)	30	-6	30(max)
S_2(中批量生产)	20	-2	20
S_3(小批量生产)	10	5	10

11.1.3 等可能性准则

根据此准则,决策者把各自然状态发生的可能性看成是相同的,即每个自然状态发生的概率都是 1/事件数。这样决策者可以计算各行动方案的收益期望值,然后在所有这些期望值中选择最大者,以它对应的行动方案为最优方案。

采用等可能性准则求解例 11-1,可得:

$$E(S_1) = \frac{1}{2}\times 30 + \frac{1}{2}\times(-6) = 15 - 3 = 12$$

$$E(S_2) = \frac{1}{2}\times 20 + \frac{1}{2}\times(-2) = 9$$

$$E(S_3) = \frac{1}{2}\times 10 + \frac{1}{2}\times 5 = 7.5$$

其中 $E(S_1)$ 最大,根据等可能性准则,方案 S_1 最优,如表 11-4 所示。

等可能性准则决策(单位:万元) 表 11-4

行动方案	N_1(需求量大)	N_2(需求量小)	收益期望值 $E(S_i)$
	1/2	1/2	
S_1(大批量生产)	30	-6	12(max)
S_2(中批量生产)	20	-2	9
S_3(小批量生产)	10	5	7.5

11.1.4 乐观系数准则

此准则为乐观准则和悲观准则之间的折中,故也称折中准则。决策者根据以往经验,确定

了一个乐观系数 $\alpha(0 \leq \alpha \leq 1)$。利用公式：

$$CV_i = \alpha \cdot \max_j \{\alpha(S_i, N_j) + (1-\alpha) \cdot \min_j \alpha(S_i, N_j)\}$$

计算出方案 S_i 在折中准则下的收益值 CV_i，然后在 $CV_i(i=1,2,3,\cdots,m)$ 中选出最大值，将相应的方案确定为最优方案。

很容易看到当 $\alpha = 1$ 时，乐观系数准则即为乐观准则；当 $\alpha = 0$ 时，乐观系数准则即为悲观准则。

采用乐观系数准则求解例 11-1，取 $\alpha = 0.7$。

$$CV_1 = 0.7 \times 30 + 0.3 \times (-6) = 19.2$$
$$CV_2 = 0.7 \times 20 + 0.3 \times (-2) = 13.4$$
$$CV_3 = 0.7 \times 10 + 0.3 \times 5 = 8.5$$

即得 $\max_{1 \leq i \leq 3} CV_i = 19.2$，故方案 S_1 最优，如表 11-5 所示。

乐观系数准则决策（单位：万元） 表 11-5

行动方案	N_1（需求量大）	N_2（需求量小）	CV_i
S_1（大批量生产）	30	-6	19.2（max）
S_2（中批量生产）	20	-2	13.4
S_3（小批量生产）	10	5	8.5

11.1.5 后悔值准则

后悔值准则是由经济学家沙万奇（Savage）提出的，故又称沙万奇准则。决策者制订决策之后，若情况未能符合理想，必将后悔，这个方法是将各自然状态下的最大收益值定为理想目标，并将最高值与该状态中的其他值之差称为未达到理想目标的后悔值 a'_{ij}，然后从各方案的最大后悔值中取一个最小值，相应的方案为最优方案。

采用后悔值准则求解例 11-1。

在后悔矩阵 $(a'_{ij})_{m \times n}$ 中：

$$a'_{ij} = \{\max(a_{ij}) - a_{ij}\}$$

则对于例 11-1：

$$a'_{11} = \{\max(a_{i1}) - a_{11}\}$$
$$= \{\max(30, 20, 10) - 30\}$$
$$= 30 - 30 = 0$$
$$a'_{22} = \{\max(a_{i2}) - a_{22}\}$$
$$= \{\max(-6, -2, 5) - (-2)\}$$
$$= 5 - (-2) = 7$$

再从后悔矩阵中找出各方案的最大后悔值，方案 S_1 的最大后悔值为 11，方案 S_2 的最大后悔值为 10，方案 S_3 的最大后悔值为 20，填入表 11-6 的最后一列。最后从这些最大后悔值中找出最小值，即 $\min_i (\max_j a'_{ij}) = \min(11, 10, 20) = 10$，故在后悔值准则下取方案 S_2，如表 11-6 所示。

后悔值准则决策(单位:万元)　　　　　　　　　　　　　　表 11-6

行动方案	N_1(需求量大)	N_2(需求量小)	$\max\limits_{1\leq j\leq 2} a'_{ij}$
S_1(大批量生产)	0	11	11
S_2(中批量生产)	10	7	10(min)
S_3(小批量生产)	20	0	20

在不确定性决策中是因人因地因时选择准则的。在实际中决策者面临不确定性决策问题时,往往首先设法获取有关自然状态的信息,把不确定性型决策转化为风险型决策。

11.2 风险型情况下的决策

如果决策者不仅知道所面临的一些自然状态,以及将采用的一些行动方案在各个不同的自然状态下所得的相应的收益值,而且知道这些自然状态的概率分布,这就是风险型情况下的决策问题。

11.2.1 最大可能准则

由概率论知识可知,一个事件的概率越大,则其发生的可能性就越大。在风险型决策中选择一个概率最大的自然状态进行决策,置其他自然状态于不顾,这就叫作最大可能准则。利用这个准则,实际上把风险型决策问题变成确定型决策问题。

例 11-2 在例 11-1 的基础上,根据以往的经验,估计出需求量大(N_1)这个自然状态出现的概率为 0.3,需求量小(N_2)这个自然状态出现的概率为 0.7,用最大可能准则进行决策。

解 由于需求量小(N_2)出现的概率 0.7 为最大,我们用最大可能准则进行决策时,就按此自然状态进行决策,已知在此自然状态下采用 S_1 方案,收益为 -6 万元,采用 S_2 方案收益为 -2 万元,采用 S_3 方案收益为 5 万元,可知公司采用 S_3 方案,采用小批量生产最佳,获利最多。

此决策应用较广,例如我们打桥牌时常常采用此决策准则,但当在一组自然状态中,它们发生的概率相差不大时,则不宜采用此准则。

11.2.2 期望值准则

期望值准则就是把每个方案在各种自然状态下的收益值看成离散型的随机变量,求出每个方案的收益值的数学期望,加以比较,选取一个收益值的数学期望最大的行动方案作为最优方案。

现用期望值准则对例 11-2 进行决策,可算出每一个行动方案的收益的期望。

$$E(S_1) = 0.3 \times 30 + 0.7 \times (-6) = 4.8$$
$$E(S_2) = 0.3 \times 20 + 0.7 \times (-2) = 4.6$$
$$E(S_3) = 0.3 \times 10 + 0.7 \times 5 = 6.5$$

可知 $E(S_3)$ 为最大收益期望值，故应采用 S_3（小批量生产）的行动方案，如表 11-7 所示。

期望值准则决策（单位：万元）　　　　　　　　表 11-7

行动方案	自然状态		收益期望值 $E(S_i)$
	N_1（需求量大）	N_2（需求量小）	
	$P(N_1)=0.3$	$P(N_2)=0.7$	
S_1（大批量生产）	30	-6	4.8
S_2（中批量生产）	20	-2	4.6
S_3（小批量生产）	10	5	6.5(max)

11.2.3　决策树法

在用期望值准则决策时，对于一些较为复杂的风险型决策问题，例如多级决策问题，仅用表格是难以表达和分析的。为此我们引入了决策树法，决策树法同样是使用期望值准则进行决策，但它具有形象直观、思路清晰等优点。

由表 11-7 的数据作出的决策树如图 11-1 所示。

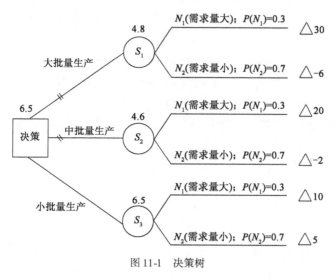

图 11-1　决策树

图中符号说明：

□——决策点，从它引出的分支叫方案分支，分支数反映可能的行动方案数。

○——方案节点，其上方数字表示该方案的收益的期望值[例如方案 S_1 的收益期望值 = $30 \times 0.3 + (-6) \times 0.7 = 4.8$，写在 S_1 的上方]，从它引出的分支叫概率分支，每条分支的上面写明了自然状态及其出现的概率，分支数反映可能的自然状态数。

△——结果节点（或称"末梢"），它旁边的数字是每一个方案在相应状态下的收益值。

这个决策树显示了一个随着时间发展的自然过程。首先，公司必须做出它的决策（S_1，S_2 或 S_3），然后执行它的行动方案，某种自然状态（N_1 或 N_2）将出现，结果节点旁的数字就是这个执行方案在这种自然状态下的收益值。

我们将各方案节点上的期望值加以比较,选取最大的收益期望值6.5写在决策点的上方,明确选定了方案 S_3,方案分支中有 ╫ 记号的表示该方案删掉,或称剪枝方案。

为了掌握和运用决策树方法进行决策,需要掌握几个关键步骤:

(1) 绘制决策树。

(2) 自右到左计算各个方案的期望值,并将结果写在相应的方案节点处。

(3) 选取收益期望值最大(或损失期望值最小)的方案作为最优方案。

以上的例子只包括一级决策,叫单级决策问题。有些决策问题包括两级以上的决策,叫多级决策问题。

11.2.4 灵敏度分析

在用期望值准则进行决策的过程中,依赖于各自然状态的发生概率及各方案在各自然状态的收益值,而这些值都是估算或预测所得,不可能十分精确。所以用期望值准则求出最优策略后,有必要像线性规划那样进行最优化后的分析——灵敏度分析。灵敏度分析就是分析决策用的数据在什么范围内变化时,原最优决策方案仍然有效。在这里我们对自然状态发生概率进行灵敏度分析,也就是考虑自然状态发生概率的变化如何影响最优方案的决策。

如果把例 11-2 中自然状态发生的概率作一个变化,不妨设 $P(N_1)=0.6, P(N_2)=0.4$,用期望值准则进行决策,有:

$$E(S_1) = 0.6 \times 30 + 0.4 \times (-6) = 15.6$$
$$E(S_2) = 0.6 \times 20 + 0.4 \times (-2) = 11.2$$
$$E(S_3) = 0.6 \times 10 + 0.4 \times 5 = 8$$

这样,易见随着自然状态概率的变化,最优行动方案由 S_3 变成 S_1 了,这时最大的数学期望值也由 6.5 万元变成 15.6 万元了。

为了进一步对自然状态发生的概率进行灵敏度分析,设自然状态 N_1 发生的概率为 p,则自然状态 N_2 发生的概率为 $1-p$,即:

$$P(N_1) = p$$
$$P(N_2) = 1 - P(N_1) = 1 - p$$

这样可计算得到各行动方案的数学期望值:

$$E(S_1) = p \times 30 + (1-p) \times (-6) = 36p - 6$$
$$E(S_2) = p \times 20 + (1-p) \times (-2) = 22p - 2$$
$$E(S_3) = p \times 10 + (1-p) \times 5 = 5p + 5$$

为了说明问题,作一个直角坐标系,横轴表示 p 的取值,从 0 到 1;纵轴表示数学期望值;这样就可以把以上三个直线方程在这个直角坐标系中表示出来,如图 11-2 所示。

在图 11-2 上,可求出直线 $E(S_1) = 36p - 6$ 与直线 $E(S_3) = 5p + 5$ 的交点,此时 $E(S_1) = E(S_3)$,即

$$36p - 6 = 5p + 5$$
$$p = \frac{11}{31} \approx 0.3548$$

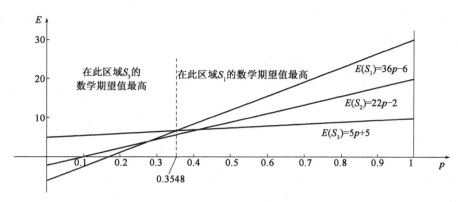

图 11-2 数学期望值-概率分析

可见当 $p = 0.3548$ 时 $E(S_1) = E(S_3)$；而当 $p < 0.3548$ 时，从图 11-2 可见到 $E(S_1)$，$E(S_2)$，$E(S_3)$ 中 $E(S_3)$ 取值最大，这时行动方案 S_3 为最优行动方案；当 $p > 0.3548$ 时，从图 11-2 可见到 $E(S_1)$，$E(S_2)$，$E(S_3)$ 中 $E(S_1)$ 取值最大，这时行动方案 S_1 为最优行动方案。我们称 $p = 0.3548$ 为转折概率。

在实际工作中，如果状态概率、收益值在其可能发生的变化的范围内变化时，最优方案保持不变，则这个方案是比较稳定的；反之，如果参数稍有变化，最优方案就有变化，则这个方案就不稳定，需要我们做进一步的分析。就自然状态 N_1 的概率而言，当其概率值越远离转折概率，则其相应的最优方案就越稳定；反之，就越不稳定。

11.3 效用理论在决策中的应用

在本章前两节里，我们都是用金额作为收益指标。在风险型的决策问题中，我们也是把能获得最高金额的收益期望的行动方案选为最优方案。然而在很多情况下，能获得最高金额的收益期望的行动方案并不是对决策者最有利的方案。决策者认为最有利的方案并不是单由金额来决定的，还受很多其他因素，例如决策者风险承受程度的影响。有很多这样的例子，例如买财产保险的人并不比不买财产保险的人得到更高的金额收益期望，否则保险公司将由于无力支付工作经费和不能创造利润而破产。又例如尽管人们都了解各种彩票的金额收益期望都是负的，但还是有非常多的人购买彩票。

这些行为我们可以用效用概念来加以解释。效用是衡量一个决策方案的总体指标，它反映了决策者对决策问题的诸如利润、损失、风险等各种因素的总体的看法。

使用效用值进行决策，首先把要考虑的因素折合成效用值，然后用决策准则选出效用值最大的方案为最优方案。例如在风险型决策问题中，我们把效用值作为指标，用期望值准则进行决策，把效用期望值最大的方案选为最优方案。

下面我们用例子加以说明。

例 11-3 某公司是一个小型的进出口公司，目前它面临着两笔进口生意可做，即项目 A 和项目 B，这两笔生意都需要现金支付。鉴于公司财务状况，公司至多做 A，B 中的一笔生意。

根据以往的经验,各自然状态商品需求量大、中、小的发生概率以及在各自然状态下做项目 A 或项目 B 以及不做任何项目的收益如表 11-8 所示。

各决策收益值(单位:万元)   表 11-8

行动方案	N_1(需求量大) $p=0.3$	N_2(需求量中) $p=0.5$	N_3(需求量小) $p=0.2$
S_1(做项目 A)	60	40	−100
S_2(做项目 B)	100	−40	−60
S_3(不做任何项目)	0	0	0

解 对这个问题如果用收益期望值法,容易算得:

$$E(S_1) = 0.3 \times 60 + 0.5 \times 40 + 0.2 \times (-100) = 18$$
$$E(S_2) = 0.3 \times 100 + 0.5 \times (-40) + 0.2 \times (-60) = -2$$
$$E(S_3) = 0.3 \times 0 + 0.5 \times 0 + 0.2 \times 0 = 0$$

用收益期望准则来决策,方案 S_1 是最优方案,其收益期望值最高,为 18 万元。

但是该公司的经理不是这样考虑的。他看到目前公司的财务状况不佳,已经不起较大风险,如果采用 S_1 方案,一旦出现市场需求量小的自然状态,公司就要亏损 100 万元,风险太大。实际上,公司经理看到,如果公司近期经营亏损额达到 50 万元以上,公司就可能一蹶不振,被挤出该行业,这样看来方案 S_2 也不是最优方案,公司经理决定用 S_3 方案——不做 A,B 中的任一项目。

对公司经理的决策,我们用效用理论加以说明。

首先,我们对表 11-8 中的每一个收益值赋予一个效用值,表示公司经理对这个收益值的相对评价。我们把表 11-8 中的最高收益 100 万元的效用定为 10,记为 $U(100) = 10$,把最低收益值 −100 万元的效用定为 0,记为 $U(-100) = 0$,然后在此基础上请公司经理根据公司情况结合收益、风险等因素对表 11-8 中的每一个收益值都定出相应的效用值。

对表 11-8 中的收益值 60 万元,我们可按如下的方法来确定其效用值,请公司经理在下面两项中做出一个选择:

(1)得到确定的收益 60 万元。

(2)以概率 p 得到 100 万元,而以概率 $1-p$ 损失 100 万元。

显然当 p 非常靠近 1 时,公司经理愿意选择(2),因为这样实际上可得 100 万元;而当 p 靠近 0 时,经理愿意选择(1)。这样随着 p 值从 1 不断地下降到 0 的过程中,经理从选择(2)变为选择(1),也就是说,在 1 与 0 之间,存在一个数值,当 p 取其值时,经理认为(1)和(2)是等值的。我们假设这时 $p=0.95$,得到了 p 值我们就可以计算出 60 万元的效用值如下:

$$U(60) = p \cdot U(100) + (1-p) \cdot U(-100)$$
$$= 0.95 \times 10 + 0.05 \times 0$$
$$= 9.5$$

这样我们用 100 万元和 −100 万元的效用值,确定了 60 万元的效用值 $U(60) = 9.5$。

同样我们可以用 100 万元和 −100 万元的效用值按如上的方法来确定 40 万元的效用值,因为经理认为得到确定的 40 万元,与当 $p=0.90$ 时,以概率 p 得 100 万元,而以概率 $1-p$ 损失 100 万元是等值的。也即得：

$$U(40) = p \cdot U(100) + (1-p) \cdot U(-100)$$
$$= 0.90 \times 10 + 0.10 \times 0$$
$$= 9.0$$

因为公司经理认为得到确定的 0 万元，与当 $p = 0.75$ 时，以概率 p 得 100 万元，以概率 $1-p$ 损失 100 万元是等值的。可计算得到：

$$U(0) = p \cdot U(100) + (1-p) \cdot U(-100)$$
$$= 0.75 \times 10 + 0.25 \times 0$$
$$= 7.5$$

这样我们也可以一一求得 –40 万元、–60 万元的效用值。

因为公司经理认为得到确定的 –40 万元等值于当 $p = 0.55$ 时，以概率 p 得 100 万元，而以概率 $1-p$ 损失 100 万元；而得到确定的 –60 万元等值于当 $p = 0.40$ 时，以概率 p 得 100 万元，而以概率 $1-p$ 损失 100 万元。即得：

$$U(-40) = p \cdot U(100) + (1-p) \cdot U(-100)$$
$$= 0.55 \times 10 + 0.45 \times 0$$
$$= 5.5$$
$$U(-60) = p \cdot U(100) + (1-p) \cdot U(-100)$$
$$= 0.40 \times 10 + 0.60 \times 0$$
$$= 4.0$$

这样我们求得了表 11-8 中所有收益值的效用值：$U(100) = 10$，$U(60) = 9.5$，$U(40) = 9.0$，$U(0) = 7.5$，$U(-40) = 5.5$，$U(-60) = 4.0$，$U(-100) = 0$。

把表 11-8 中的收益值用其效用值来代替，并计算得各方案的效用期望值。

$$E[U(S_1)] = 0.3 \times 9.5 + 0.5 \times 9.0 + 0.2 \times 0 = 7.35$$
$$E[U(S_2)] = 0.3 \times 10 + 0.5 \times 5.5 + 0.2 \times 4.0 = 6.55$$
$$E[U(S_3)] = 0.3 \times 7.5 + 0.5 \times 7.5 + 0.2 \times 7.5 = 7.5$$

从表 11-9 中可知，方案 S_3 的效用期望值最大，故 S_3 即不做任何项目为该公司的最优方案。在用效用期望值决策时，我们也可使用决策树的方法，不过这时要把决策树中的所有收益值用其效用值来代替。

各方案的效用期望值 表 11-9

行动方案	N_1(需求量大) $p = 0.3$	N_2(需求量中) $p = 0.5$	N_3(需求量小) $p = 0.2$	$E[U(S_i)]$
S_1(做项目 A)	9.5	9.0	0	7.35
S_2(做项目 B)	10	5.5	4.0	6.55
S_3(不做任何项目)	7.5	7.5	7.5	7.5(max)

一般来说，如果收益期望值能合理地反映决策者的看法和偏好，那么就可以用收益期望值进行决策，否则，应该进行效用分析。

实际上收益期望值决策是效用期望值决策的一种特殊情况。如果我们用收益值与效用值

作为直角坐标系的 x 轴与 y 轴,并用 A 和 B 两点作一直线,其中 A 的坐标为 x_A = 最大收益值,$y_A = 10$;B 的坐标为 x_B = 最小收益值,$y_B = 0$;如果某问题的所有收益值与其对应的效用值组成的点都在此直线上,那么用这样的效用值进行期望值决策和用收益值进行期望值决策的结果是完全一样的,我们可以用上面的例子来加以说明,如图 11-3 所示。

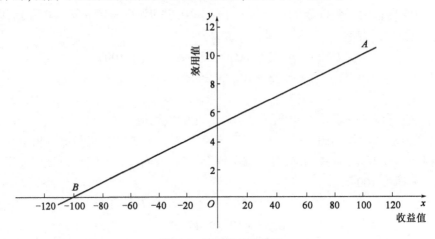

图 11-3 效用值-收益值图

在图 11-3 的直线坐标中,A 的坐标:$x_A = 100$,$y_A = U(100) = 10$;B 的坐标:$x_B = -100$,$y_B = U(-100) = 0$。用这条直线我们可以确定其他收益值的效用,这条直线方程为 $y = 1/20x + 5$,求得:

$$U(-60) = y = \frac{1}{20} \times (-60) + 5 = 2$$

$$U(-40) = y = \frac{1}{20} \times (-40) + 5 = 3$$

$$U(0) = y = \frac{1}{20} \times 0 + 5 = 5$$

$$U(40) = y = \frac{1}{20} \times 40 + 5 = 7$$

$$U(60) = y = \frac{1}{20} \times 60 + 5 = 8$$

用所求得效用值进行期望值决策,如表 11-10 所示。

求得各方案效用值　　　　　　　　　　　　　　　表 11-10

行动方案	N_1(需求量大) $p = 0.3$	N_2(需求量中) $p = 0.5$	N_3(需求量小) $p = 0.2$	$E[U(S_i)]$
S_1(做项目 A)	8	7	0	5.9(max)
S_2(做项目 B)	10	3	2	4.9
S_3(不做任何项目)	5	5	5	5

回顾一下,当我们用收益值和效用值进行期望值决策时,知:
$E(S_1) = 18, E(S_2) = -2, E(S_3) = 0, E[U(S_1)] = 5.9, E[U(S_2)] = 4.9, E[U(S_3)] = 5$

实际上后面的值也是由直线方程 $E[U(S_i)] = 1/20[E(S_i)] + 5$ 所决定的,即有:

$$E[U(S_1)] = \frac{1}{20}[E(S_1)] + 5 = \frac{1}{20} \times 18 + 5 = 5.9$$

$$E[U(S_2)] = \frac{1}{20}[E(S_2)] + 5 = \frac{1}{20} \times (-2) + 5 = 4.9$$

$$E[U(S_3)] = \frac{1}{20}[E(S_3)] + 5 = \frac{1}{20} \times 0 + 5 = 5$$

显然一个有序的数组中的每一个数同乘一个正数再同加一个数,则该数组中的各数之间的大小关系是不会改变的,故用这两种方法决策是同解的。

习题

1. 已知面对四种自然状态的三种备选行动方案的公司收益值如表 11-11 所示。假定不知道各种自然状态出现的概率,请分别用以下五种方法求最优行动方案:

(1)最大最小准则。
(2)最大最大准则。
(3)等可能性准则。
(4)乐观系数准则(取 $\alpha = 0.6$)。
(5)后悔值准则。

习题1 收益值   表 11-11

行动方案	自然状态			
	N_1	N_2	N_3	N_4
S_1	15	8	0	-6
S_2	4	14	8	3
S_3	1	4	10	12

2. 根据以往的资料,一家面包店所需要的面包数(即面包当天的需求量)可能为 120,180,240,300,360 中的一个,但不知其分布概率。如果一个面包当天没销售掉,则在当天结束时以 0.10 元处理给饲养场,新面包的售价为每个 1.20 元,每个面包的成本为 0.50 元,假设进货量限定为需求量中的某一个,完成下列题目:

(1)作出面包进货问题的收益矩阵。
(2)分别用最大最小准则、最大最大准则、后悔值准测以及乐观系数准则($\alpha = 0.7$)进行决策。

3. 某服装企业计划通过旗下网店销售一批特价 T 恤,每件售价 10 元。生产此类服装有三种方案:
方案 1:固定成本为 10 万元,变动成本为一件 5 元;
方案 2:固定成本为 16 万元,变动成本为一件 4 元;
方案 3:固定成本为 25 万元,变动成本为一件 3 元。

对此类服装的需求量有以下三种可能,分别为 30000 件、120000 件、200000 件,概率未知。完成下列题目:

(1) 建立收益矩阵。

(2) 分别用最大最小准则、最大最大准则、等可能性准则和后悔值准则决定该企业的最优方案。

4. 假如习题 2 中根据以往的经验,每天的需求量的分布概率如表 11-12 所示,请用期望值准则求出面包店的最优进货方案。

面包店每天需求量的分布概率 表 11-12

需求量	120	180	240	300	360
概率	0.1	0.3	0.3	0.2	0.1

5. 某制造厂加工了 150 个机器零件,经验表明由于加工设备的原因,这一批零件不合格率 p 不是 0.05 就是 0.25,且所加工的这批量中 $p=0.05$ 的概率是 0.8,这些零件将被用来组装部件。制造厂可以在组装前按每个零件 10 元的费用来检验这批零件的每个零件,发现不合格立即更换,也可以不予检验就直接组装,但发现一个不合格品进行返工的费用是 100 元。

(1) 写出这个问题的收益矩阵。

(2) 用期望值准则求出该厂的最优检验方案。

(3) 对此问题进行灵敏度分析,求出转折概率。

6. 用决策树法解习题 5。

参 考 文 献

[1] 刁在筠,刘桂真,戎晓霞,等.运筹学[M].4 版.北京:高等教育出版社,2016.
[2] 韩伯棠.管理运筹学[M].5 版.北京:高等教育出版社,2020.
[3] 《运筹学》教材编写组.运筹学[M].4 版.北京:清华大学出版社,2012.
[4] 熊伟.运筹学[M].3 版.北京:机械工业出版社,2014.
[5] 廖志高.运筹学[M].长沙:中南大学出版社,2011.
[6] 胡运权,胡祥培.运筹学基础及应用[M].7 版.北京:高等教育出版社,2021.
[7] 寇玮华.运筹学[M].2 版.成都:西南交通大学出版社,2019.
[8] 徐玖平,胡知能.运筹学[M].4 版.北京:科学出版社,2018.
[9] 谢家平,梁玲,田亚明.管理运筹学:管理科学方法[M].3 版.北京:中国人民大学出版社,2018.
[10] 郭鹏.运筹学[M].西安:西安交通大学出版社,2013.
[11] 肖会敏,臧振春,崔春生.运筹学及其应用[M].2 版.北京:清华大学出版社,2017.
[12] 肖勇波.运筹学:原理、工具及应用[M].北京:机械工业出版社,2021.
[13] 哈姆迪·塔哈.运筹学基础[M].10 版.刘德刚,朱建明,韩继业,译.北京:中国人民大学出版社,2018.
[14] 马建华.运筹学[M].2 版.北京:清华大学出版社,2017.
[15] 党耀国,朱建军,关叶青.运筹学[M].4 版.北京:科学出版社,2021.